未来科学家培养计划
科学启蒙 · 探索 · 研究系列

- NEW物理启蒙 我们的看听触感 -

感

主 编 关大勇 吴於人

编 写 邹 洁 沈旭晖 严朝俊 曹 政 刘 晶 王珊珊 李超华
吴喜洋 黄晓栋 段基华 杜应银 赵 丹 邹丽萍

- 在潜移默化中接受科学研究基本训练
- 在不知不觉中学习鲜活的物理知识点
- 在战胜实验挫折中体验科学研究乐趣
- 在质疑探索、合作交流中感悟科学精神

复旦大學出版社

序言 1
Foreword 1

物理学是最重要的基础科学，它不仅让人们认识“万物之理”，而且让人们学会认识事物的思维方法，这是一切物质科学的基元科学。离开了物理学，就没有电子信息技术、没有光学工程技术、没有材料工程技术、没有机器制造技术等。用一句话来说，没有物理学就没有现代工业技术，也没有现代社会。物理学要从小就学起来。

我手中看到的是一套物理教育书稿：有 4 册《NEW 物理启蒙　我们的看听触感》为小学生而写，旨在让孩子们通过自己的感官，实践科学探索；另有 4 册《NEW 物理探索　走近力声光电磁》为中学生而写，希望中学生在正式学习物理课程之前感受物理的魅力、养成研究的习惯。

这是一套有特色的书。不少物理知识的学习是从玩具和新奇现象切入，引发孩子们的兴趣，然后引导孩子通过科学探索，寻找规律，玩出花样，玩出感悟。书中的很多有趣现象对于小学生、中学生和大学生，都可以发掘到适合自己的研究课题。根据学生的年龄特点，这套书中设计了不少有效激励的游戏和竞赛；鼓励挑战权威，敢于质疑；内容传承经典，又与前沿交融；研究中和研究后均注意鼓励文字记录和表述，以及语言的相互交流。

看到书中有趣的物理玩具，不禁使我想起自己的少年时代。我曾是一个喜欢物理的学生，喜欢做实验，喜欢捣鼓自己的创意小制作。兴趣真是好老师！

当今科学技术日新月异，教育技术也随之改变。在上海这样的大城市，传感器数据采集实验系统、电子书包、微课程平台，以及 VR 和 AR 等现代技术的影子相继在学校出现。科学技术的提升，家庭生活的改善，使孩子们玩电子产品驾轻就熟。显然，一方面是“天高任鸟飞，海阔凭鱼跃”，国家教育的投入越来越多，孩子们的学习环境越来越好；另一方面是“机器人抢饭碗”“未来的竞争更为残酷”，这样的说法让家长们人心惶惶。所以，未来社会非常需要的研究型人才、创新型人才、工匠型人才，如何才能有效地进行培育？教师和家长又该如何进行引导、言传身教？课堂教育和课外活动如何给予学生高尚理念、家国情怀？学校和社会如何给予青少年更多发展空间，更好地培养他们未来展翅飞翔的潜能？这才是最重要的。

不久前，FAST 这个我国自行研制的世界最大单口径(500 米)射电望远镜，在调试阶段已探测到数十个脉冲星候选体；“墨子号”在国际上率先实现千公里级量子纠缠分发；中国的北斗星导航系统已是我国国防不可或缺的坚固保障，同时也撑起了一片创新生态。据报道，谷歌的 AI 子公司 DeepMind 研发的 AlphaGo Zero 可以自学，经过 3 天的自我对局，Zero 变得足够强大，可以一举击败原来版本的 AlphaGo。一项项改变未来、改变我们生活的现代技术让我们享用，让我们大开眼界。应该明白，这些技术的发展依赖科学理论的支撑和科学的研究方法，依托有不断学习精神和学习能力的人的发明创造。

这套书的作者希冀借助物理研究方法的启蒙，培育青少年的物理思维能力和发明创新潜能。物理可以视为自然科学的核心，视为新技术源源不断的源泉。物理图景探索、物理技术运用和物理研究方法已经渗透各行各业。所以，青少年学生和家长不要害怕物理，而是要尝试喜欢物理，并积极主动学习物理。培养物理思维能力，会让你受益终身。

物理其实不难，非常生动有趣；物理世界的图景令人豁然开朗，可以在实际中运用。喜欢物理的同学，或是被物理的神趣和挑战所吸引，或是在物理学习中体验到成功和登高远眺的境界。这套书努力让读者感受物理，让读者亲近物理。希望孩子们有越来越多的机会沉浸在能够激发学习兴趣、激发探索潜能的学习环境中。这套书对教师们来说更是任重而道远，要努力探索，让学生掌握课程的知识点并熟练运用，培养学生热爱物理，激发学生终身学习的动力和培养学生终身学习的能力。

中国科学院院士
[signature]
2017年10月于上海

序言2
Foreword 2

长期以来，同济大学的大学物理教师一直在探寻更为有效的物理育人方法。在课程设计中强化实践探索，努力为学生构建可引导自主研究的学习环境。五彩缤纷的物理演示实验、物理探索实验、物理仿真研究计算机系统，以及物理研究课题竞赛等软硬件系统建设，均对学生研究能力的提高起到了积极推动的作用，也取得了一系列教学成果。10年前，同济大学在上海市科委和上海市教委的支持下，成立了上海市青少年科技人才培养基地——同济大学物理实践工作站，将注重实践的理念运用于青少年科学素养培育中，将物理的有趣和神奇、物理的无所不在和推动社会发展的力量展现在大家面前，激励了许许多多的青少年。

现在，曾经的同济大学物理实践工作站创建人——一位热心的退休物理教师和当时工作站的副手——一位同济毕业的物理博士将此教育理念继续发扬，创建了“未来科学家培养计划”系列课程，研发着“科学启蒙·探索·研究”系列教材，在此对即将出版的这套丛书表示祝贺。

物理学是人类文明和社会发展的基石，它所展现的世界观和方法论，深刻地影响着人们对物质世界的基本认识、人们的思维方式和社会生活。物理学的学习，对于人们树立科学的世界观、增强分析和解决问题的能力、培养探索精神和创新意识等，具有不可替代的作用。同时，物理学发展至今所创建的科学体系又是如此的优美，它所体现的系统性、对称性和多样性等使之精彩纷呈、奥妙无穷，激励着无数有志青少年孜孜学习和探索。

如果将物理学习的过程比作攀登智慧的高峰，则从概念到概念、从公式到公式的传统教学方法，往往会将学生引入一条乏味的登山之路，使学生难以体会攀登的乐趣，产生厌倦和难学的错觉。如果我们稍微关注一下物理学的发展历程，就不难发现物理学是一门起源于实践和探索的科学，物理学家对自然规律的认识过程是一个不断探索、发现、总结、质疑、试错、再探索的过程，并由此获得新知识、掌握新方法、成就新未来。这一过程尽管充满困难和挑战，但每一个新的困难和挑战均意味着又一段新的精彩旅程，可谓风景这边独好。

玩具中有物理，乐器中有物理，生活中有物理。有的现象有趣，有的现象很炫，有的现象神奇。这套丛书就是让同学们感受物理探索和研究的乐趣，并通过与学习同伴的合作和竞争，体验物理魅力，提高物理素养，感悟科学人生，成就未来发展。

教育部高等学校大学物理课程教学指导委员会主任

顾牡

2017年10月于同济大学

前言 Preface

“NEW 物理启蒙　我们的看听触感”是一套小学生朋友一定会喜欢的物理科学探索丛书。书中充满有趣的现象，神奇的科学。它将吸引学生情不自禁地在玩耍中初识物理，研究科学；在潜移默化中接受科学研究的基本训练；在不断克服困难、战胜挫折中体验研究的乐趣。

这套丛书有别于其他科学小实验图书，每一个研究专题都不是仅仅强调知道什么新知识，完成什么新实验，而是要求用自己的感官去感触、体验，进而去思考、探索世界。书中的文字和图片的展现是平面的，但是我们真诚地希望我们的表述能够让学生、老师和家长看到书中描述的生动和多维的世界，并努力引导他们用眼睛、耳朵、鼻子、嘴巴、皮肤和肢体去感受世界的美好和复杂，感受自己探究的力量和合作的伟大，明白交流和争辩的必要，体会一步步感悟的快乐。

丛书主编长期从事青少年科学素质教育及创新意识启迪的研究工作，并有丰富的教育实践经验，因而书中处处彰显引领学生步步深入探索科学的魅力。学生读书的过程就是一个科学研究的过程，就是在一条小小科学家成长的道路上跋山涉水、不断成长的过程。上海市教育评估协会对这套教材所对应的课程组织了评估，肯定了课程设计与建设的科学性和先进性。

丛书共有 4 个分册，分别是《看》《听》《触》《感》，我们建议将丛书作为小学生科学拓展课程或者科学类选修课教材，让小朋友们在耳闻目睹的现象中有所发现，在亲历亲为中明白科学探究是怎么回事。对自己孩子有信心的家长和敢于挑战的小朋友，应该和这套丛书做朋友。

丛书由智勇教育培训有限公司“未来科学家培养计划　科学启蒙 · 探索 · 研究系列”编写团队和上海师范大学物理课程与教学论、学科教育（物理）专业的研究生共同编写。参加编写的有邹洁、沈旭晖、严朝俊、曹政、刘晶、王珊珊、李超华、吴喜洋、黄晓栋、段基华、杜应银、赵丹、邹丽萍。书中没有注明出处的图片大部分源自智勇教育、教师同行、亲友和历届学生们的提供，部分为 CC0 协议和 VRF 协议共享版权图，马兴村先生为此书作了手绘画。在此向各位合作者一并表示衷心感谢！

编者

2017 年 9 月

目录 Contents

第4分册
感

导 语

在生产生活、学习研究中，人类利用自己的感觉器官（眼睛看、耳朵听、皮肤触、鼻子嗅、舌头尝），将我们感受到的信息转换成电信号传输给大脑，经由大脑思考分析，逐渐认识大自然。于是我们掌握了越来越多的自然规律，并利用这些规律发明了越来越先进的技术。

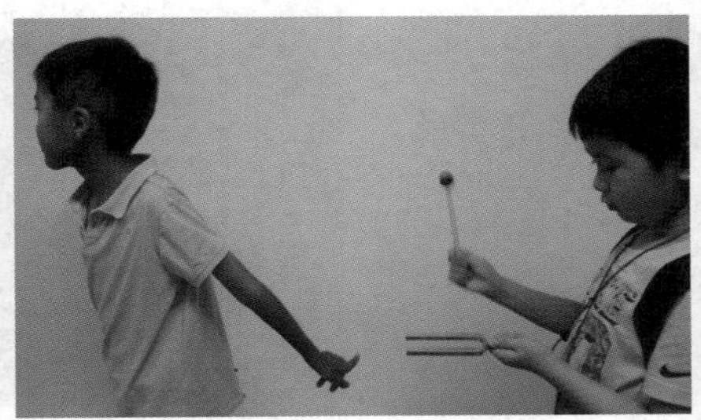
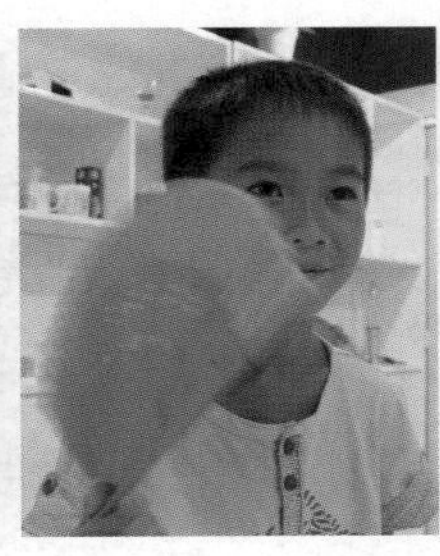

随着生产能力的发展、生活质量的改善、物质欲望的增强，人类感觉到人的器官已无法满足日常生活、生产、研究的需求，如高温测量、夜间监测、水下寻物、远程感知等。人类也感觉到有时尽管能够感知某些信息，但是往往不够精准、不够敏感，比如对水果的甜度、光的亮度、声音的响度等物理量的定量分析，再如睡着时对煤气泄漏的察觉、对火灾初起的警觉等，这些问题应该怎么解决呢？

人们逐渐对人类自己的行为动作和反应敏感度不满意，也发现人类无法直接去做很多事情，比如紧急状况的人体反应、危险场所的设备操控、远距离遥感遥控、超精细复杂动作……这些问题又该怎么解决呢？

聪明的人类利用力、热、声、光、电磁及原子、分子反应变化等自然规律，发明了各类测量系统、各种传感器、各种自动控制装置、各种机器人[①]，使上述问题得到一定程度的解决。

---

① 图片来源：http://auto.163.com/08/0815/10/4JCMJ1SB00081S9K.html。

不过人类会因此而满足吗？当然不会，物理学家就是一群眼中永远会出现新课题的人。

物理学是各类技术之源，物理学家可以分为理论物理学家和实验物理学家两类。当然，有很多物理学家在理论和实验两个方面都很强，但是他们一般都会将自己的工作重心偏向理论或偏向实验。

爱因斯坦(1879—1955)，著名德国犹太裔理论物理学家

理论物理学家根据已有的实验现象或自然规律，发现未解之谜，提出新的假想，并从理论上进行论证，甚至提出有可能出现的未被发现的实验现象或者某个理论在技术应用上的可能性。

人类历史上最著名的理论物理学家爱因斯坦拥有几乎是世界最强大脑。他对量子论的贡献，对布朗运动的理论分析，对激光技术的预言，建立的狭义相对论和广义相对论，等等，对科学技术与人类文明的贡献无可比拟。

实验物理学家对理论物理学家提出的新理论进行实验研究，实验的结果可能验证理论的正确，也可能推翻理论，从而促使理论物理学家进一步改进或完善理论研究。实验物理学家也会在实验中有所发现，发现从未被感知的神奇现象，促使理论物理学家发现新的物质运动规律。

吴健雄(1912—1997)，著名美籍华裔核物理学家

聪明手巧的实验物理学家吴健雄，用实验证明杨振宁与李政道的理论，是诺贝尔奖背后的英雄。无可非议，实验物理学家吴健雄已被公认为世界最杰出的物理学家之一。

尼尔斯·玻尔(1885—1962)，丹麦物理学家，量子理论奠基者之一

在实践中发现、质疑、猜想、实验、推出新理论，再实践、再发现、再质疑、再猜想、再实验、再推出新理论……科学就是这样不断发展的。

在科学家不断研究自然规律的同时，由于研究和人们生活的需要，科学家会和技术人员一起，将科学研究的成果运用于技术发展。

你知道激光有什么特点，有哪些广泛的应用？激光器的发明，得益于爱因斯坦的光受激辐射放大理论。你知道集成电路是什么，身边有多少地方用到集成电路？集成电路的发明，要感谢玻尔等物理学家创建的量子理论。

科学和技术携手共进的例子不计其数，在你感谢这些科学家的同时，你是否有决心成为像他们一样有智慧、有能力、有创新、有贡献的人？

探索 X 世界

体验起电机的魅力

这是一台静电感应起电机，也叫维氏起电机，由 19 世纪的维姆胡斯在前人研究基础上改进而成。这台起电机放在你面前，你会如何研究它？如何利用自己的五官、肢体和大脑？

实验目的

从外观等角度入手，学习观察新器件，通过相关知识的深入了解得知其具体原理。

实验器材

静电感应起电机 1 台。

实验步骤

(1) 观察起电机的组成部分，猜想各部分的作用。

(2) 用手摸摸哪些地方是活动的，猜想它们分别起什么作用。

(3) 用手操控起电机，观察会发生什么现象。

(4) 有条理地设计研究起电机的步骤并写下来。需要哪些研究材料先自行解决，有困难想办法再向老师求助。

(5) 开始自己的研究，并随时记录研究所得。

(6) 交流自己的发现。

实验记录

提示：可以将“实验步骤”中得到的想法写在下面。

____

____

实验结果

起电机的__________部分，起到____________________的作用；

起电机的__________部分，起到____________________的作用；

起电机的__________部分，起到____________________的作用；

起电机的__________部分，起到____________________的作用；

起电机的＿＿＿＿＿＿＿部分，起到＿＿＿＿＿＿＿＿＿＿＿＿＿＿的作用；
起电机的＿＿＿＿＿＿＿部分，起到＿＿＿＿＿＿＿＿＿＿＿＿＿＿的作用；
起电机的＿＿＿＿＿＿＿部分，起到＿＿＿＿＿＿＿＿＿＿＿＿＿＿的作用。
在转动过程中，两个金属球之间会发生＿＿＿＿＿＿＿＿＿＿＿＿＿＿现象。

专题 37

感的高级境界

牛顿(图 37－1)的墓上有这样一句话:

Nature and nature's laws lay hid in night;

God said "Let Newton be" and all was light.

这句话可以直接译为:"自然与自然的法则在黑夜隐藏;上帝说'让牛顿出世',于是世界一片光明。"也有很多人模仿圣经中"神说,要有光,就有了光"的句式,将其改译成"上帝说要有光,于是有了牛顿"。显然,不管如何翻译,都说明人们无限感恩牛顿在光的研究上的造诣。

牛顿(1643—1727),英国著名物理学家

图 37－1

当一个人的感知转化为一种发现,当一个人的发现升华为一种发明(包括理论和实物),当这种发明被大众认可并被应用、造福社会时,人们永远会纪念他! 这是不是感的高级境界?!

把感知转化为发现、把发现升华为发明,它不是一种人人都有的能力,却是一种可以被发掘和培育从而提升的潜能。

下面先来考考你,看看你是不是未来科学家的小小"潜力股"。在现代信息社会中,光的利用越来越大放异彩(图 37－2)。你知道光有什么特点? 可以怎样用? 在什么地方运用到光?

图 37－2

集思小擂台

光是________________的；
光是________________的；
光是________________的；
光是________________的。
……
你能说出几条？

探索 X 世界

实验目的

大家想到光的那么多特点，有哪些你能用实验证明？实验证明需要什么器材？

实验器材

白光手电，红光激光笔和绿光激光笔，有灯座小灯泡，电池盒，电池，开关，导线；透明塑料片，镜子，白纸和黑纸，偏振片，红、绿、蓝等各色滤色片；剪刀，针，美工刀，透明胶带。

不要被上面所列的器材所局限，也可以利用身边的日常物品。

安全小贴士：不要让激光笔对着眼睛照！

实验步骤

选择合适的器材，验证自己的猜想。比如，光在同种介质下是沿直线传播的，我们可以使用激光笔透过一杯较为浑浊的液体，发现激光笔发出的光是一条直线。想想看这些器材还能够做哪些实验？

实验记录

我选择了以下这些材料：

____

我准备验证：

光是____的。

我准备这么做我的实验：

____

实验结果

我发现这个实验的现象是________________________________；说明了光是____________的。

我可以利用这些器材，还可以做其他的实验：

____

穿越时空

你知道电影是怎么发明的吗？与许许多多的发明一样，电影起源于人们生活与工作的物质和心理需求。比如曾经有一位美国加州的州长，不满足视觉的局限，想要努力寻找技术解决自己好奇的问题，“马在奔跑中究竟会不会四蹄腾空”。于是他请了当时的一位照相专家求证。这位摄像师将 12 个双镜头摄像机按照大约 53 厘米的距离排开，然后把每个相机的快门触发线依次绑在跑道上，最终成功地在 30 秒内拍到 12 张连续的照片（图 37- 3）。这应该就是电影萌芽时期最经典的案例。

图 37－3

距离现在 100 多年前，人类还停留在照片阶段。爱迪生在他的实验室内第 1 次公开电影放映机技术，在人类的发展历史中，这次公映标志着放映历史的开始。卢米埃尔兄弟第 1 次利用银幕进行投射式放映电影，使电影放映走出实验阶段。史上第 1 部电影就是《卢米埃尔工厂的大门》（图 37－4[①]）。

图 37－4

① 图片来源：http://3g.china.com/act/culture/11170651/20151109/20705980.html。

电影究竟是谁发明的？有人说是爱迪生，也有人说是卢米埃尔，其实他们都有伟大的贡献。

探索 X 世界

光有一个大家可能不知道的特点，当你的两根手指并拢，只留一条细缝，通过这个细缝看灯光（为了保护眼睛，不要看太亮的光）时，你会看到什么奇怪的现象？是不是看到手指缝中有一条条明暗相间的条纹？你还可以看到手指头的边缘像是被光线“吃掉了一些”？

你还想到可以做哪些类似的实验？如果通过一条细缝可以看到奇怪的现象，通过两条呢？……

知识充电站

刚才观察到的现象是光的衍射现象，它是基于光的干涉本领而产生。当光和光相遇时，如果两列光恰好满足某些条件，干涉就会产生，也就是会出现干涉条纹。干涉产生的条件是什么？现在理解这个条件的知识还不够，等你学到高中物理，就会理解这一美妙的现象。不过你要庆幸的是这个条件比较苛刻，否则总是在你的眼前出现各种条纹，就看不清东西了。

穿越时空

有两位学者在全美物理学家中做了份调查，请他们提名在自己心目中历史上最美的十大物理实验，调查结果刊登在美国《物理世界》杂志。

最美的十大物理实验有一个共同特点，那就是用十分简单的仪器装置，发现十分基本的科学概念；它们的发现解决了人们长久的困惑，昭示了人们原本未知的规律，开辟了人类对自然界新的认识。这些实验就像是一座座历史丰碑，为一个个崭新的研究方向奠定了基础。

最美的十大物理实验中排名第一的是杨氏双缝实验：19 世纪初，托马斯·杨对光进行双缝干涉实验。把蜡烛放在一张打着小孔的纸的一端；在纸的另一端，再放一张开有两道平行狭缝的纸。当蜡烛光源穿过小孔时形成了点光源，从小孔中穿过的光再通过第 2 张纸的两道狭缝，最后投至屏幕就会形成明暗交替的条纹（图 37－5）。这次实验首次肯定了光的波动性，并且通过对干涉理论的完善而建立了新的波动理论。

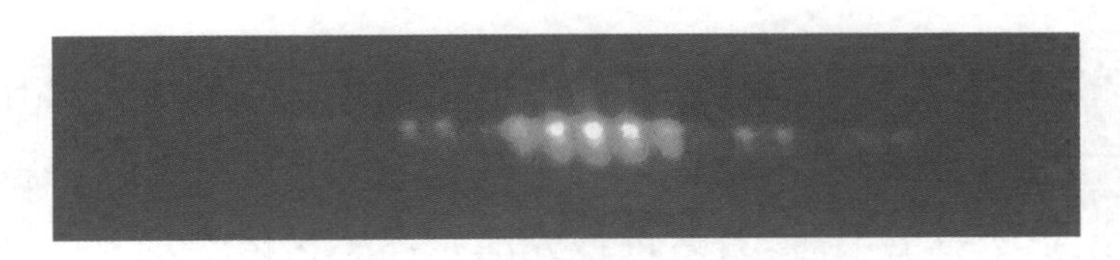

图 37－5

托马斯·杨不仅完成了双缝干涉实验，而且在大家公认光是粒子流的理论面前，他坚持自己的想法并用实验论证了光是一种波。这种精神值得我们学习，也是这个实验成为最美十大物理实验之首的原因之一。

你佩服托马斯·杨吗？你在刚才的探索中有没有看到类似杨氏双缝实验的干涉图样？

探索 X 世界

如果你也想亲手制造光的干涉和衍射现象，请自行查阅资料，并努力实现自己的设计。

知识充电站

爱因斯坦对于镜子曾经有过一个百思不得其解的问题：假如一个人以光速行驶，他手上拿着一面镜子，那么他是不是从镜子里看不到自己？

这个问题最后的答案是在爱因斯坦自己创立的狭义相对论中：任何物体（包括交通工具）的运动不可能达到光速，即光速是极限速度。

那么就会有一个新的问题：在某个接近光速的飞船上，从船舱尾部向船头方向打开手电，是不是光会“走”得特别慢？

问题的答案还是在爱因斯坦自己创立的狭义相对论中：飞船上的人和地面上的人看

到的光速相同。

猜想跷跷板

（1）某位同学两手各拿一样东西或者各做一个动作；其他同学说出看到这两样东西或者这两个动作后所联想到的发明创造，也可以是自己的发明创造灵感。拍照记录同学的东西或动作，也记录所有的灵感，看看谁最先能将灵感付诸实现。

（2）用你的语言描述什么是“感的高级境界”。

____

____

专题 38

测量——感知的必要手段

健全的我们每时每刻都在感知世界。睁着眼睛时，你能什么都不看吗？耳朵不堵住时，你能什么都不听吗？也许有时你会处于旁若无人、心无旁骛的状态，这时你一定在想着某件事情，而那件事必是你感知世界的结果。即使在睡眠状态，你也会有所感知：冷了会裹紧被子，热了会蹬掉被子；某些声音会把你吵醒；某些梦境会把你惊醒；用一根草轻捅你的鼻孔，你会鼻子发痒、打出喷嚏……

一般人对于大部分事情，即使有感知，也可能会无动于衷。比如，早上刷牙挤牙膏大约挤多少？大家可能仅仅是通过目测，这可能算是最简单的测量，几乎没有人进一步思考。不过有一位中国小朋友想到发明针筒式牙膏，可以严格定量控制牙膏的挤出量而不浪费，同时也能保证刷干净牙齿。一位英国小朋友更加厉害，他把针筒式牙膏和牙刷设计到一起。更幸运的是，他的发明已经有大人帮助他完成(图 38 - 1[①])。当然，有的小朋友能够指出别人发明的不足之处，这种观察分析也很棒！

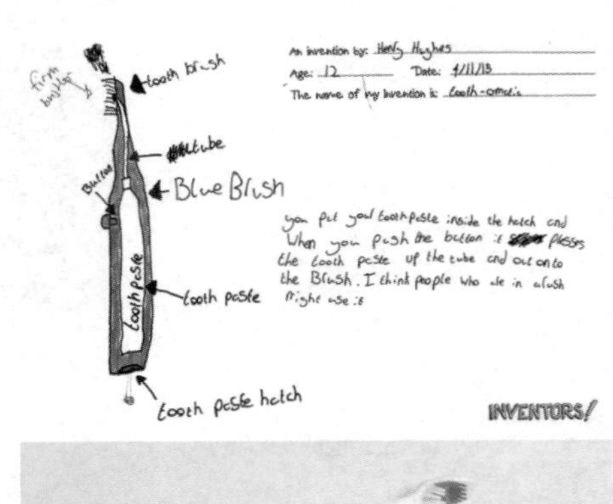

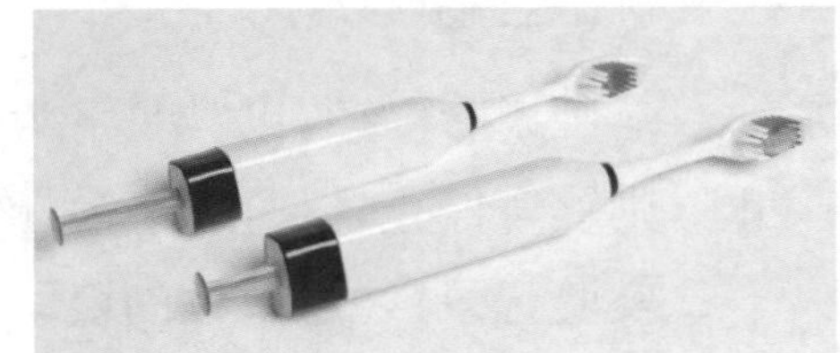

图 38 - 1

希望你能好好感知我们的世界，实现你们的发明创造。在很多情况下，感知世界需要相对精密的测量。比如，买苹果称重量、开车测速度；比赛测时间等。

集思小擂台

(1) 为什么时间测量很重要？在什么情况下测量越精准越好？

____

① 图片来源：爱稀奇，“十个来自小孩子的发明，让大人汗颜”，http://www.ixiqi.com/archives/97324。

____

（2）你知道从古至今有多少种测量时间的方法？

____

____

探索 X 世界

实验1：估测时间

实验目的

估测时间比赛：老师用手机或者秒表测量时间，同学们各显神通估测时间。看看哪位同学估测的时间更接近老师测量的时间。

实验器材

秒表（图38-2）、手机或者其他计时工具（教师用），一个已知周期的单摆。

图38-2

实验步骤

老师说“开始”，以“始”字为计时起点，同时一位同学到讲台上跳舞；老师说“停止”，则跳舞停止，以“止”字为计时终点。

实验记录（注意单位的填写）

（1）第一次：我估测的时间是________，实际时间是________；

（2）第二次：我估测的时间是________，实际时间是________；

（3）第三次：我估测的时间是________，实际时间是________。

（4）以小组为单位，估测单摆的周期是________，实际时间是________。

实验结果

在实验中，表现出最擅长估计时间的同学是________________。

估测单摆周期方法中最合理的小组是________________，他们使用的方法是____。

实验2：测单摆周期

实验目的

测单摆周期比赛：在投影屏幕上显示秒表；同学们分小组完成单摆周期的测量，看哪组同学测量的时间更接近单摆周期的理论值。

实验器材

单摆，量角器，直尺，计算器。

实验步骤

测量单摆周期：按照要求，将单摆拴在凳子上，再将凳子放在桌子上，并保证单摆可以自由摆动。小组成员做好分工，商量如何测量。根据要求设计记录表38－1。

(1) 将摆绳拉开5°，观察单摆运动，测量的数值记入表38－1。

(2) 将摆绳拉开10°，观察单摆运动，测量的数值记入表38－1。

(3) 将摆绳拉开15°，观察单摆运动，测量的数值记入表38－1。

(4) 重复上述过程2次。

(5) 分析表38－1中的实验数据，计算单摆周期。

(6) 测量单摆绳长，利用单摆公式计算单摆周期。

(7) 计算测量的误差。

表38－1

实验结果

最佳测手的经验如下：________。

我的感受如下：________。

我发现________。

知识充电站

时间反映出事物发展变化过程的长短，同时也反映了事物发展变化过程的先后次序。事物发展变化存在一定的前因后果，时间不会倒流，时间一去不复返，我们要珍惜时间。

对于时间的测量，有的情况下可以粗略估测，有的情况下需要比较精准，有的情况下必须非常精准，比如火箭的发射需要许多部门协同工作，且轨道等计算若差之毫厘，将失之千里！

如何获得精准的时间？关于精准这里有两个概念。

问题 1：校准时间以什么为标准？

问题 2：时间的单位长度（即 1 秒钟的标准长度）到底有多长？

问题 1 的答案：北京时间是中国科学院国家授时中心发布的时间，这是我们中国最标准的时间。你的手机、电脑等都是按照这个时间校准的。

只要在线搜索“中国科学院国家授时中心”，就可以看到他们的网站（图 38－3）。不过网站上的时间通过网络传到你的电脑时已经滞后了，严格地说，你在家里无法把钟表校准得与国家授时中心完全相同。

图 38－3

集思小擂台

（1）为什么说有的时间测量和计算“若差之毫厘，将失之千里”？

（2）为什么说“你在家里无法把钟表校准得与国家授时中心完全相同”？

问题2的答案：标准的1秒钟时间的长短其实一直在变。这不是故意变来变去，岂不会给大家带来很多不便？1秒钟时间标准的改变是因为曾利用地球自转运动来计量时间，定义1个太阳平均秒为平均太阳日的1/86 400。由于地球自转速度的变化，又将其改成地球公转标准，但是精度不够高（太阳也在运动），所以，现在用的是原子时间的计量标准。在1967年天文学秒长的定义就已经“退休”了。新的秒长规定如下：位于海平面上的铯（Cs133）原子基态的两个超精细能级间，在零磁场中跃迁振荡9 192 631 770个周期所持续的时间为1个原子时秒[①]。

这一定义标志着时间测量的一个新时代已经到来。现在1秒钟时间的标准，是由海平面上的铯原子钟定义的。时间标准的研究课题有很多，我们在中国科学院国家授时中心网站上搜索“铯”，可以找出近百篇文章。时间是个值得研究、具有科技含量的研究对象，它的奥秘正在期待我们去揭开！

集思小擂台

（1）你还对什么测量感兴趣？谈谈你对它的了解。

（2）你觉得什么测量最难？为什么？你能不能提出自己的测量思路？

知识充电站

质量和重量

这里所说的“质量”，不是“工作质量”、“学习质量”等表示优劣程度的质量。物理上的质量，是指物体所含物质的量。质量越大的物体，吸引其他物体（万有引力）的能力越强。重量是重力的体现，是万有引力引起的。

在太空中，由于远离各种星球，人和比人质量大很多的宇宙飞船的重量都几近于零。但是当人飘离飞船的时候，人拉动连接二者的链索，就会逐渐向飞船靠拢，而飞船的运动

① 这里所包含的物理概念比较复杂，在此不作解释。

微乎其微。这是因为人和飞船通过链条传递的作用力和反作用力虽然相等，但是同样的力施加在物体上，物体的质量越大，改变其运动状态的程度就越小。

由于质量大的物体重量就大，质量的大小与重量成正比，为了方便，生活中就常常用重量的数据来表示质量。比如，你买1公斤苹果，你希望得到实实在在的1公斤苹果，但是售货员所用的称重量的方法称出的苹果，真的是1公斤的苹果吗？

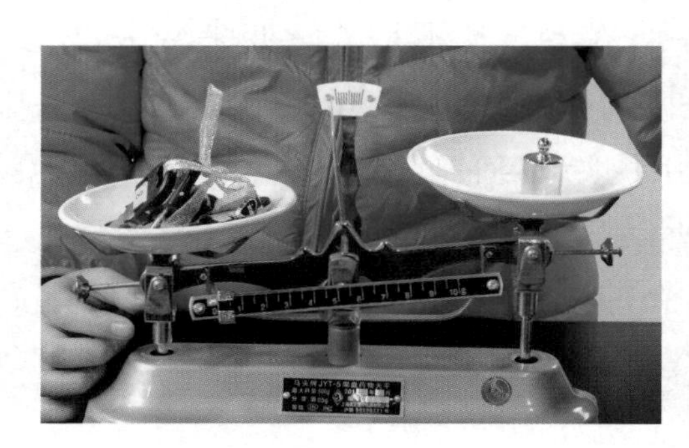

图 38－4

如果要得到真正的质量，应该怎么测量？只有与相同质量的标准件进行比较，才能准确地测出质量。比如使用天平进行测量（图38－4）。那么，标准件是从哪里来的？

质量1千克的基准

质量是物理学最基本、最重要的概念之一，质量的度量必须统一。质量的单位是千克。最初规定4摄氏度时1立方分米的纯水质量为1千克。现在1千克的定义是“千克等于国际千克原器的质量”。国际千克原器是一个保存在巴黎国际计量局的铂铱合金千克原器（图38－5）。

中国的国家千克基准件由国际计量局检定后，保存在北京中国计量科学院的质量标准库中。

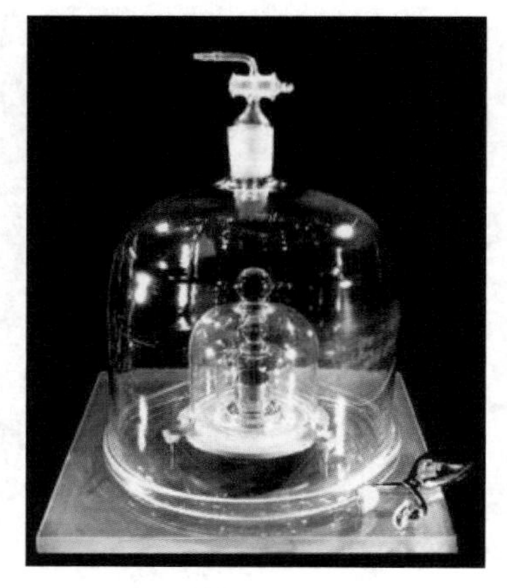

图 38－5

集思小擂台

（1）超市、菜场中称量好的1公斤物体，真的是1公斤重吗？

（2）在严格的科学研究和生产技术中，质量和重量的测量单位相同吗？

探索 X 世界

比比估测重量的本事

实验目的

通过估测重量的游戏，体验常见物体的重量。

实验材料

苹果、黄瓜等，磅秤，弹簧秤，塑料袋。

实验步骤

每位同学准备好纸笔，目测老师和几位同学的体重，在表38－2中记录自己的估测值，并计算小组估测的平均值，评出班级中个人和小组的估测水平名次。

每位同学准备好纸笔，分别用手提一提、掂一掂几样水果和蔬菜的重量，在表38－2中记录自己的估测值并计算小组估测的平均值，评出班级中个人和小组的估测水平名次。

实验记录

测量的单位是________。

表38－2

物体名称					
我估测的重量					
测量的实际重量					
绝对误差					
相对误差					

实验结果

我的估测结果的最大相对误差是________，最小相对误差是____________。

在测量中我通过________来判断物体的重量，判断不准确的原因是____。

一般在科学测量之后需进行误差分析，测量值与真值之间的差异称为绝对误差。相对误差的公式如下：

$$相对误差=\frac{绝对误差}{真值}\times 100\%。$$

专题 39

感知长度的 N 种方法

知识充电站

我们知道在地球上，海拔越高，空气越稀薄。有人在海拔高的地区旅游时会出现高原反应，这是因为人到达一定海拔高度后，身体为适应海拔增高造成的气压低、含氧量少、空气干燥等变化而产生的一种自然生理反应。当海拔高度达到 2 700 米左右时，人们就可能会有高原反应。

根据海拔高度和气压的数量关系，可以在不同高度处用气压计测量大气压，从而计算出该处高度。海拔高度越高，空气越稀薄，而气体的压强也就越小。

穿越时空

图 39－1

有一天，一位物理老师让学生用气压计测一幢高楼的高度，有位奇葩同学的作业让老师非常生气。这位同学写道："把一根绳子系在气压计上，将气压计从大楼的天台放到地面。绳子的长度加上气压计的长度就是大楼的高度(图 39－1)。"这个答案让老师非常恼火，他想判这位同学不及格。但是这位同学不服，他声称自己的答案可以得满分。于是这位老师便请了一位仲裁员，这位仲裁员考虑很久之后，裁定同学的答案没有错，但是仲裁员又说："作为物理课的作业，你没有用到任何物理学知识，这样做是不合适的。"他要求这位同学在 6 分钟内给出明确利用物理学知识的答案。5 分钟后，这位同学已经想出好几种方案，他在比较哪个方案更好。

他说："首先，可以将气压计从房顶扔下去，测量气压计到达地面的时间，然后用自由落体公式计算出高楼的高度。

第二，如果天气晴朗，先测量气压计的长度、其直立时影子的长度以及大楼影子的长度，然后通过比例就能计算出大楼的高度。

第三，在气压计上系上一小段绳子，先在地面，然后在房顶上做单摆运动。大楼的高度可以通过单摆的两个不同周期计算得到。

第四，用气压计分别测量地面和房顶的气压，通过气压差计算出大楼的高度。”

显然，最后一个答案才是物理老师希望看到的答案。但是这位同学马上又补充：“不过，最好的办法就是直接去找大楼的看门人，对他说：‘告诉我这座大楼的高度，我就把这个气压计送给你。’”

他所给出的答案融合了物理规律，并将这些规律应用到实际中。你想知道这位同学是谁吗？他就是著名的科学家尼尔斯·玻尔，一位举世公认的物理奇才，一位对20世纪物理学发展起着关键性作用的人物。

你可能对那位独立仲裁员也很感兴趣吧？要不是他能够尊重事实、欣赏天才，承认玻尔第一个答案的正确，并给了他进一步发挥的机会，玻尔的聪明才智也不可能在一道楼房高度测量的作业题上发挥得淋漓尽致。遇上这样的导师，玻尔是不是很幸运？那位仲裁员就是1908年诺贝尔物理学奖得主卢瑟福。

听了这个故事你有什么感想？

集思小擂台

测量物体的长、宽、高，测量圆的半径或直径，测量两点之间的距离，测量曲线的长度，等等，这些都是长度测量。

(1) 你有多少种测量长度的方法？

____

____

(2) 你知道有多少种测量长度的工具(图 39－2)？

____

____

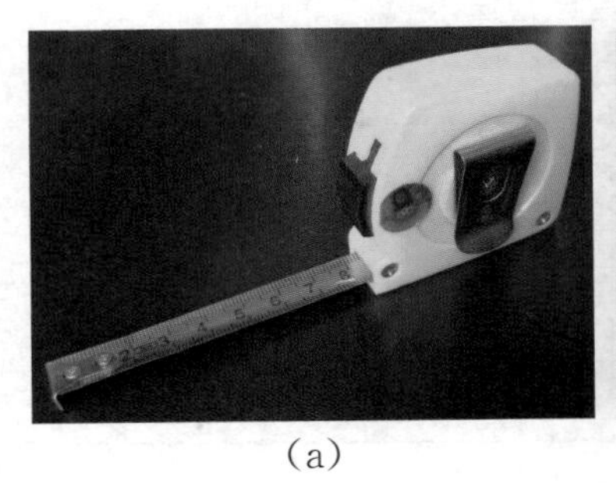
(a)

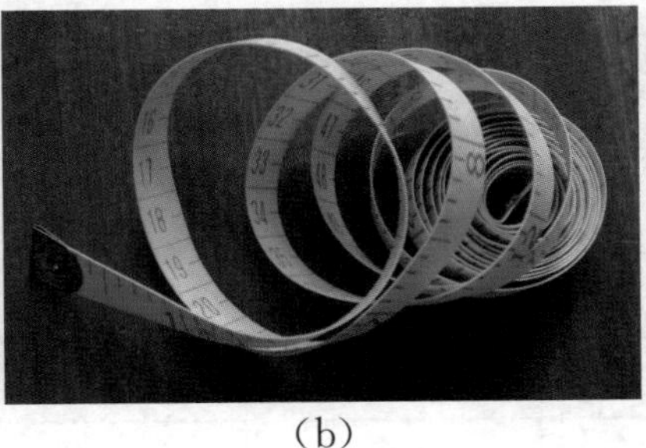
(b)

图 39－2

探索 X 世界

比比估测长度的水平

实验目的

提升估测长度的水平。

实验器材

自行车轮、书等待测长度的物体，尺子，纸和笔。

实验步骤

（1）目测老师和几位同学的身高（图 39－3），记录自己的估测值，计算出小组估测的平均值，评出班级中个人和小组的估测水平名次。

图 39－3

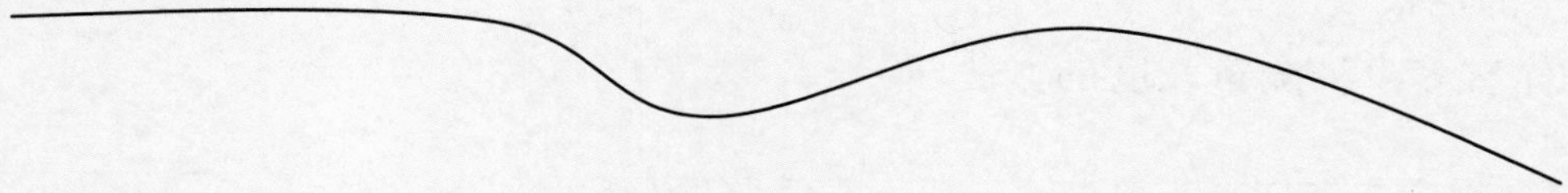

（2）分别目测几件物体的长度，在表 39－1 中记录自己的估测值，计算出小组估测的平均值，评出班级中个人和小组的估测水平名次。

（3）用纸板制作一个小轮子来测量图 39－4 曲线的长度。每位同学准备好纸和笔，目测并记录自己的估测值，计算出小组估测的平均值，评出班级中个人和小组的估测水平名次。

图 39－4

实验记录

测量的单位是________。

表 39－1

物体名称					
我估测的长度					
测量的实际长度					
绝对误差					
相对误差					

我制作的小轮子的半径是＿＿＿＿＿＿厘米。

对于这条曲线，我用自己制作的小轮子走过＿＿＿＿圈；我的测量结果是＿＿＿＿厘米。

实验结果

我的估测结果与实际的长度相比准不准？＿＿＿＿

在测量中我通过＿＿＿＿来判断物体的长度；我的判断不准确的原因是＿＿＿＿＿＿＿＿＿＿＿＿＿＿＿＿＿＿＿＿＿＿＿＿＿＿＿＿＿＿＿＿＿＿＿＿。

数字游标卡尺的使用

实验目的

学会使用数字游标卡尺进行测量，提升研究能力。

实验器材

数字游标卡尺(图 39－5)，待测外径和内径的物体，尺子。

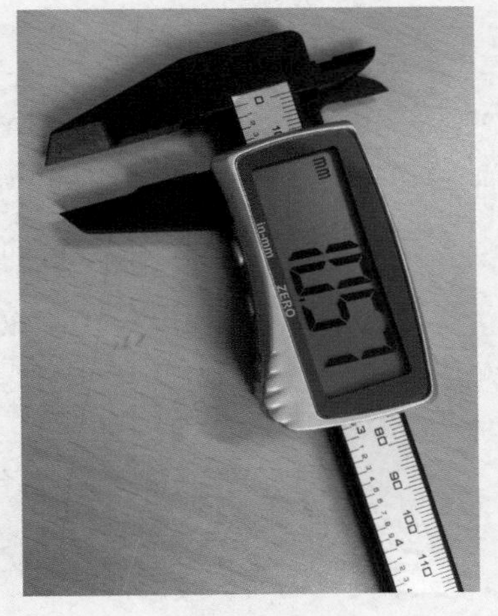

图 39－5

实验步骤

(1) 游标卡尺是测量长度的精密仪器，用于测量的关键部位千万注意不能被破坏。观察游标卡尺，讨论并分析游标卡尺的哪些部位十分重要，哪些行为可能导致游标卡尺损坏。交流并分享你的想法。

(2) 总结并遵循上述讨论结果，细心地使用游标卡尺，尝试测量物体长度，并用普通直尺进行帮忙，分析游标卡尺是如何进行测量的、又是如何进行读数的。实验数据记录在表 39－2 中。

表 39－2

物体名称					
我测量的长度					

(3) 测量自己感兴趣的物体长度，并相互交流、分享。

游标卡尺又称为游标尺或直游标尺，是一种测量长度的仪器(图 39－6)。主尺一般以毫米为单位，由主尺和附在主尺上能滑动的游标两部分构成。

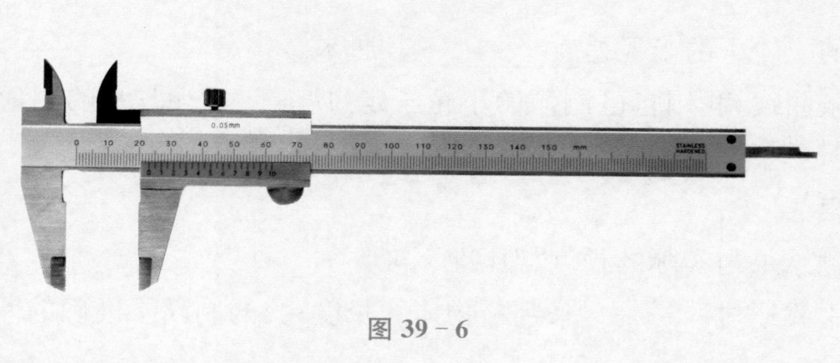

图 39－6

需要使用游标卡尺的情况：

(1) 内测量爪通常用来测量内径；

(2) 外测量爪通常用来测量长度和外径；

(3) 深度杆通常用来测量深度。

实验记录

测量的单位是________。

实验结果

我的数字游标卡尺的单位是________________________。

我的数字游标卡尺的最大读数范围是________________________。

在数字游标卡尺的使用过程中，我需要注意____________________________。

数字游标卡尺与普通的直尺相比，区别如下：

____

____

选做题

研究普通游标卡尺的读数方法。

知识充电站

米长度的定义

游标卡尺测量的长度比一般的直尺要精准，但更准的还有螺旋测微仪、迈克尔孙干涉仪等。长度要有一个统一的标准，就像时间单位“1 秒”有个在国际上达成共识的定义，质量单位“1 千克”有个基准原件保存在法国巴黎的国际计量局，长度单位“1 米”的定义是什么呢？

1889 年第 1 届国际计量大会决定：国际计量局中一根铂铱合金棒在 0℃时两条刻线之间的距离为 1 米。请你思考：为什么要规定温度？为什么要用铂铱合金棒？上述定义的优点和缺点各是什么?

1960 年第 10 届国际计量大会决定:氪(Kr86)原子的橙黄色光在真空中波长的 1 650 763.73倍为 1 米。

1983 年第 17 届国际计量大会决定:光在真空中 1/299 792 458 秒的时间间隔内通过路程的长度为 1 米。

这下你也知道光在真空中的速度了吧?光在真空中的速度等于 299 792 458 米/秒,常常把这个数约等于 3×10^8 米/秒。光在空气中的速度比光在真空中的速度略小一点,在一般研究中可以忽略不计。

集思小擂台

当测量的精度要求不高时,我们可以利用人体的哪些部位进行长度测量?

____

____

探索 X 世界

巧妙利用自己进行长度测量

实验目的

学习巧妙利用各种物体达到长度测量的目的;启迪发散思维,并合理利用工具。

实验器材

尺,其他辅助工具。

实验步骤

(1) 测量自己手掌、手臂、脚掌、腿等的长度(图 39-7),并记录在下面。

我的手掌长________厘米;

我的手臂长________厘米;

我的脚掌长________厘米;

我的腿长________厘米。

(2) 合理使用自己身体已知部分的长度,去测量教室中黑板和墙的长度,测量课桌的长、宽、高,测量书和橡皮的长度。

(3) 再利用身边可找到的辅助物(非测量工具),测量自己的腰围。

(4) 测量教室或者家中墙的高度,可利用身边的辅助物。

实验记录

自己绘制表格，在表 39－3 中记录刚才的测量结果。

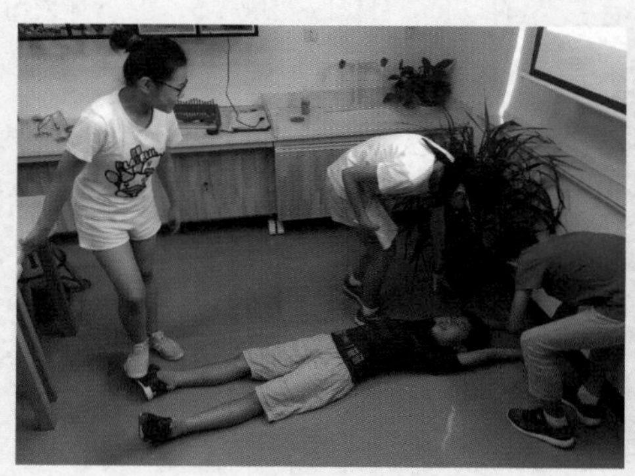

图 39－7

表 39－3

专题 40

感知电子的存在

你可能会发现，在寒冷的冬天，每当我们脱下厚厚的毛衣时经常会听到一阵噼里啪啦的声音；在早上梳头时我们会发现自己的头发飘了起来；在和小伙伴们手牵手时也会无缘无故地感到一下刺痛……这一切的“始作俑者”就是即将为大家介绍的电子。

知识充电站

数学中有个概念，世界上没有最小的正数，因为每个数除以 2，总是比原来的数字更小。生活中是不是所有物质都是如此？一根面条可以无限地分为更小吗？

利用现在的科学技术可以观测到的物质最小构成是什么？物质由分子或者原子组成，其中分子也是由原子组成的，而原子由原子核和围绕在它周围的核外电子组成。原子核还可以继续再分成带正电的质子和不带电的中子。现在还没有办法“打开”质子、中子和电子。

集思小擂台

我们的世界充满原子，你能画出原子内部的样子吗？试着画在下面。

穿越时空

原子内部究竟是什么样的？在1909年之前，原子内部公认的是“葡萄干面包模型”，它是由发现电子的著名科学家约瑟夫·约翰·汤姆逊(图40-1)提出的，与当时人们的普遍观念相吻合，即原子内部是正电荷均匀分布、带负电的电子分布在对称的位置。这个模型类似于我们吃过的葡萄干面包或赤豆粽(图40-2)。

约瑟夫·约翰·汤姆逊(1856—1940年)著名的英国物理学家

图40-1

(a)[①]

(b)[②]

图40-2

直到1909年，卢瑟福(图40-3)用著名的α粒子散射实验探索出原子核的结构模型。这个实验最初是想要证实汤姆逊提出的“葡萄干面包模型”是正确的，但结果却恰恰相反，α粒子散射实验反而成为推翻“葡萄干面包模型”的有力证据。

卢瑟福(1871—1937)，新西兰著名物理学家

图40-3

卢瑟福用α粒子轰击金箔(图40-4)，他发现大部分α粒子沿原来的方向前进，一部分α粒子发生偏转，少部分α粒子则被反弹回来。根据实验现象，卢瑟福最终得出原子的中心有一个带正电的原子核(图40-5)，并且大部分质量都集中在原子核上，而核外则由带负电的电子围绕旋转。

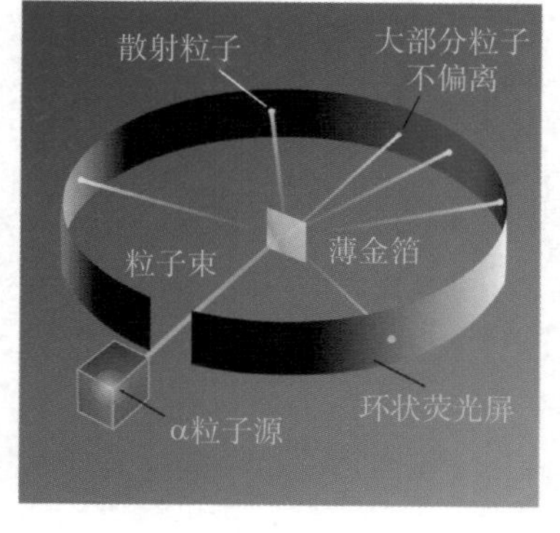

图40-4

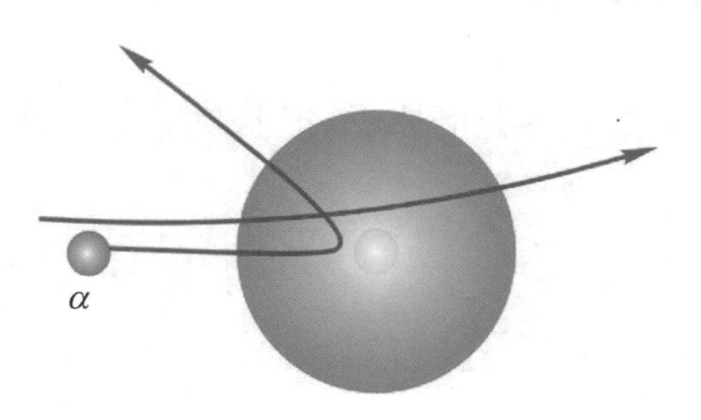

图40-5

① 图片来源：http://blog.sina.com.cn/s/blog_6777cf77010017C9.html。

② 图片来源：百度百科红豆粽子词条图片。

猜想跷跷板

(1) 通过以上知识的学习，你能说说原子结构是什么样的？请评价自己所画的原子结构示意图。

____

____

(2) 在网上搜索对“电子云”的解释，谈谈你的理解。

____

____

穿越时空

说到电子，我们不得不重提这位著名的英国物理学家——约瑟夫·约翰·汤姆逊。1897 年汤姆逊在英国剑桥大学的卡文迪许实验室工作，他在研究阴极射线(图 40 - 6)的过程中发现了电子的存在。汤姆逊采用真空度更高的真空管和更强的电场，观察到阴极射线是由带负电荷的粒子(电子)组成的，并计算出其质量和电荷的比值。

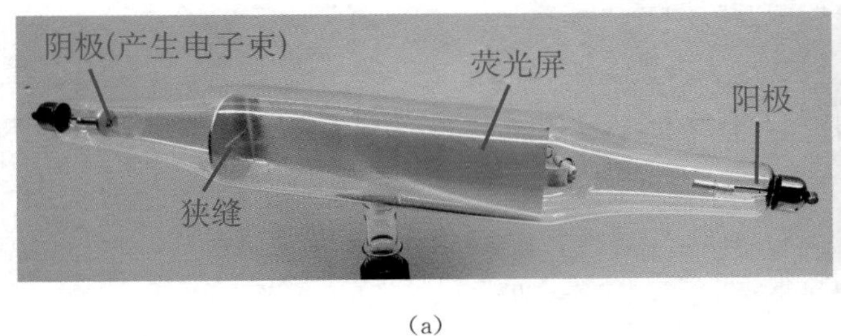

(a)

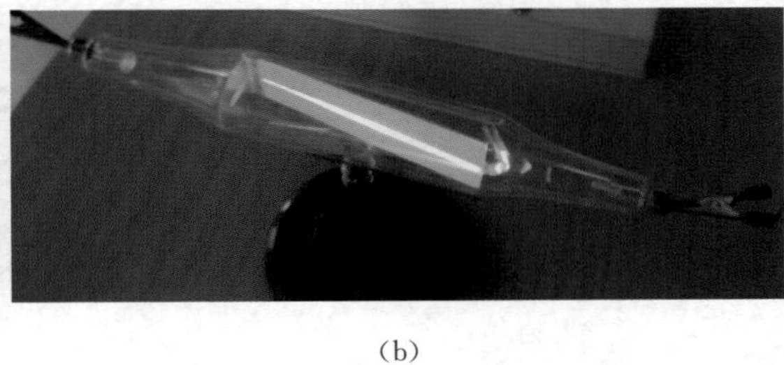

(b)

图 40 - 6

测量出电子质量和电荷的比值后，我们还是无法知道电子到底带多少电荷。因为电子实在太渺小，测量电子的电荷真是难上加难。

美国物理学家密立根有个著名的油滴实验，证明所有带电物质都只能带 $e=1.602\,177\times10^{-19}$库仑的整数倍电量。一个阴极射线粒子所带的电量(—e)就是电子的电量。这个数值是人类迄今为止测得和掌控的最小电量。

电子的发现功不可没，在科学技术上迎来电子时代。科学家对电荷的本质、对分子电荷的研究并没有终止，你对这类研究感兴趣吗？

探索X世界

实验1：感觉静电的力量

实验目的

看看哪里会产生静电。

实验器材

玻璃棒，丝绸，气球，木棒，橡胶棒，毛皮，尺，小毛巾，餐巾纸，粗吸管，铝箔纸，盐，胡椒粉。

实验步骤

(1) 选定一个证明有静电的方法。

(2) 依次将上述物体(除了盐和胡椒粉)两两摩擦。

(3) 撕一小块餐巾纸，比比看谁通过静电吸起小块餐巾纸的时间更长，看看哪几种物体有静电并有明显的现象。

(4) 利用静电将混合的盐和胡椒粉迅速分开。

实验记录

(1) 我用的是________和________来进行实验。

当它们摩擦后，________可以“吸引”轻小物体。

(2) 我用的是________和________来进行实验。

当它们摩擦后，________可以“吸引”轻小物体。

(3) 我用的是________和________来进行实验。

当它们摩擦后，________可以“吸引”轻小物体。

实验结果

经过多次实验，我发现：________与________、________与________、________与________、________与________等在摩擦之后可以吸引轻小物体。

盐和胡椒粉可以分开吗？________。

如果盐和胡椒粉无法分开，可能是因为________________________________。

其他调料的组合，是否能够分开？____________。

实验2：勇敢者的游戏

实验目的

了解人体可以导电。

实验器材

静电起电机，环路灯。

实验步骤

(1) 大家围成一个圈，用环路灯测试人体圈是否已导通、可以导电。

(2) 在老师的指导下，摇动起电机，观察起电机电弧出现的条件。

(3) 尝试挑战触电实验(图40－7)。

图40－7

实验记录

在实验中，我在________________的时候，感受到____________的感觉。

起电机电弧出现的条件是____。

实验结果

环路灯的作用是____。

实验收获是____。

静电感应起电机两极间电压可以达到几万伏，但由于只摇动几下电机，电量不多。触电很危险，与电相关的实验一定要在教师指导下进行。

知识充电站

生活中我们离不开电池(图40－8)：遥控器需要电池，闹钟需要电池，电瓶车也需要电池……你知道我们非常熟悉的干电池是怎么被发明的吗？

图 40 - 8

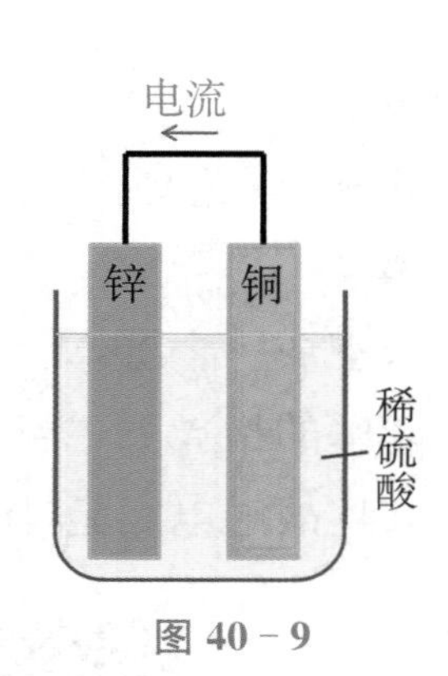

图 40 - 9

19 世纪初，意大利物理学家伏打将一块锌板和一块锡板同时浸在盐水中，发现经两级之间的导线有电流通过。伏打用这种方法制作了世界上第一个电池(图 40 - 9)。随着对电池的研究，人类不断地改进，制成我们现在所使用的电池。干电池只是伏打电池中的一种。

切勿“解剖”干电池！
不可将其置于火上进行灼烧或炙烤，否则可能会引发漏液，甚至有爆炸的危险！

探索 X 世界

实验 1:“人体电池”

实验目的

进一步了解伏打电池的结构。

实验器材

锌板，铝板，铁板，铜板，导线，盐水，灵敏电流计，LED 灯，餐巾纸。

实验步骤

(1) 试用不同的金属板两两组合，与盐水、导线和灵敏电流计连接，测出电压最大的组合。

(2) 用人体替代盐水，观察实验效果。

(3) 写出研究报告。

实验记录

实验结果

实验2：自制电容器

干电池的制作工艺复杂，并且有一定的危险性。我们选择制作一个小型的电容作为蓄电装置，用来代替电池。

实验目的

学习和理解储蓄电容的条件。

实验器材

两个绝缘杯子，铝箔纸，气球，起电机，剪刀，胶带，A4纸。

实验步骤

(1) 将铝箔纸包裹在杯子的外部，然后将铝箔纸剪出一个接触端。

(2) 把第2个杯子套在第1个杯子的下方，起到绝缘作用。

(3) 在第1个杯子的内部也放一层铝箔纸，然后用剪刀剪出一个接触端。

(4) 将起电机两极分别连接两个接触端，转动起电机手柄，给自制电容器充电。

(5) 现场感受自制电容器储存电荷的效果。

实验记录

自制电容器的草图如下：

实验结果

我在制作过程中遇到以下困难：

____

____

对于这些困难，我的解决方案如下：

____

____

穿越时空

1746年，荷兰莱顿大学的马森布罗克教授在做电学实验时，不小心把带电的钉子掉进玻璃瓶中，他在伸手捡起钉子的瞬间感到一种被电的疼痛感。这使得马森布罗克产生疑问，究竟是钉子上还留有电，还是这一切只是他的错觉？为此，马森布罗克开始反复实验，他的每次实验结果都与第1次相同。最终，他得出这样一个结论：如果把带电的物体放在玻璃瓶里，电就不会"跑"掉，这样可以把电储存起来。

这就是最原始的电容器——莱顿瓶的由来。它发明，让人类第1次能够有意识地储存较多的电荷，并且使得科学家能够进行许多科学实验和示范表演。其中最壮观及最著名的一次表演就是由法国的诺莱特在巴黎一座大教堂前所做的，诺莱特邀请了当时的路易十五皇室成员一同观看。他让700多名修道士排成一排，让排头的修道士手握莱顿瓶，让队尾的修道士握住一根引线。在队尾修道士握住的那一瞬间，700多名修道士同时跳起，在场的人无不目瞪口呆。

(a)

(b)

图 40 - 10

集思小擂台

(1) 阅读理解上述的文字及相应的漫画(图 40 - 10)，对你自制的电容器，有什么问题和联想？

____

____

(2) 你认为电容器有什么实际应用？

____

____

专题 41

感受电路百搭

所有的电器、电线和电路板里，都有许多电子在做运动，电子们努力地“干活”，才能让这些电器正常工作。但是，电子们究竟应该向左运动还是向右运动，还得听电压的安排。

知识充电站

电子的定向移动形成电流，这就好比小朋友在操场上排队，体育老师发布指令之后，小朋友会按照老师的要求行走。在这个过程中，小朋友扮演的角色就是一个一个的电子，体育老师所扮演的角色是迫使小朋友行走的电压。小朋友都向一个方向走，就形成了电流。

电流是指电荷的定向移动。电流的大小称为电流强度(简称电流，符号为 I)，单位是安培(A)。

电流运动的方向朝向哪里呢？物理学上规定正电荷定向移动的方向为电流的方向。可是电子带的是负电，所以电流的方向应该是电子移动的相反方向。

将电路元件逐个顺次首尾相接，把每个电器像糖葫芦一样串起来的电路叫做串联(图 41-1)。串联也像小朋友依次手拉手形成一串。

将两个同类或不同类的元器件首首相接、同时尾尾亦相连的一种连接方式叫做并联(图 41-2)。两个元件并联就像小朋友 A 和小朋友 B 把他们的左手和左手搭在一起，他们的右手和右手搭在一起。如果 3 个元件并联呢？

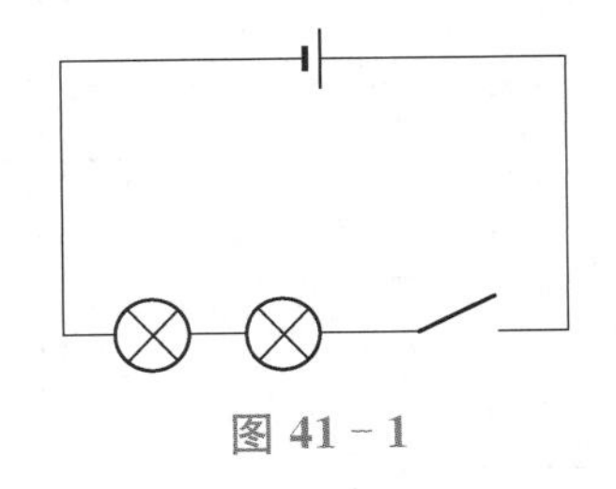
图 41-1

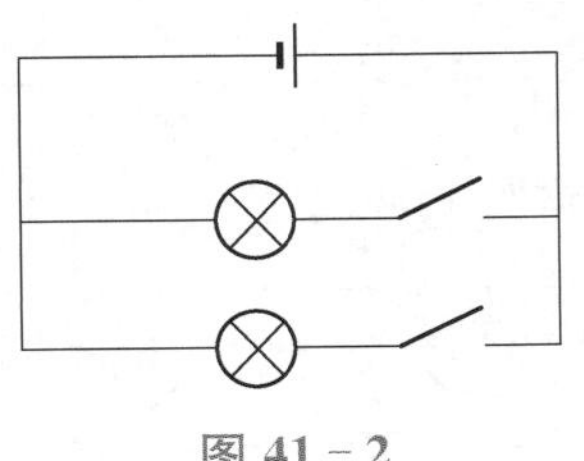
图 41-2

探索 X 世界

命令电子点亮灯泡

实验目的

试一试怎样可以点亮小灯泡。

实验器材

提供两个单节电池盒，两节 1.5 V 电池，导线若干，小灯泡若干，开关若干。

实验步骤

(1) 要求一个灯亮。

(2) 要求两个灯可以同时亮，也可以分别亮。想想有几种连接方法。

(3) 要求 3 个灯可以同时亮，也可以分别亮。想想有几种连接方法。

(4) 要求 4 个灯可以同时亮，也可以分别亮，也可以两个两个分别亮。想想有几种连接方法。

(5) 尝试画出连接电路图。

表 41 - 1 中分别给出电池、导线、小灯泡、开关在电路中的表达方式。

表 41 - 1

小灯泡		
电源		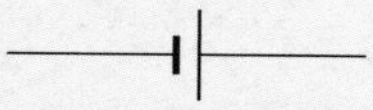
开关	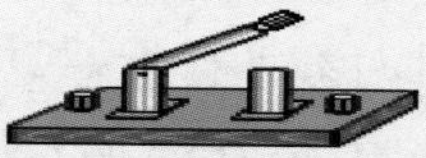	
电流表	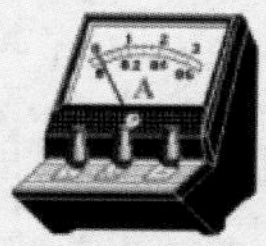	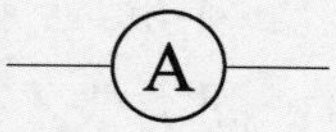 A
电压表		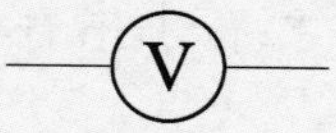 V
电阻		
电容		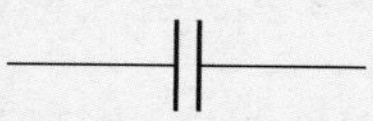

实验记录

（1）

（2）

（3）

（4）

（5）

实验结果

____

____

知识充电站

神奇的马达

图 41－3

什么是马达？“马达”一词来源于英语“motor”的音译，即为电动机(图 41－3)。它是将电能转换为动能的机器。

说说你在生活中哪些地方见过电动机？它们是什么样子的，有什么作用？

电动机为什么会旋转？原来，在电动机周边有两块弧形磁铁，这两块磁铁组成一个磁场。在磁场的正中央有缠绕很多匝导线的线圈。当线圈通入电流，利用磁场对通电线圈的作用力，可以使线圈转动起来，这样就将电能转换成动能。

电动机十分神奇，几乎无处不在，在人们的生产生活中发挥了巨大的作用。等到你上高中物理课时，就可以理解它的详细工作原理。

电阻的作用

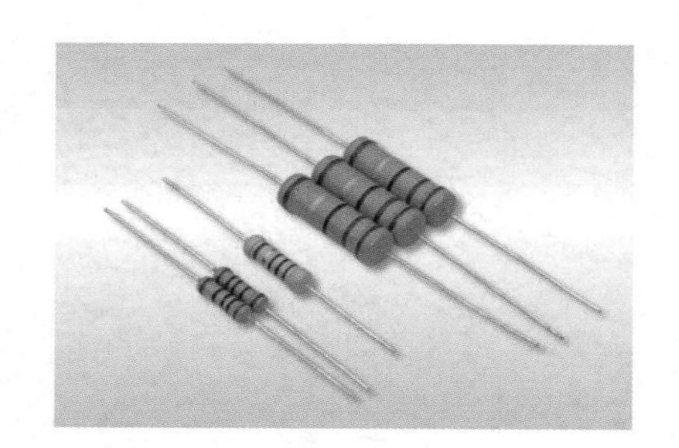
图 41－4

顾名思义，电阻(图 41－4)会阻碍电流通过。就如同在水流中放入一块大石头，它能阻止一部分水顺利通过。

电阻一般起到以下 3 个作用：

(1) 电阻能够限制电流通过的量，起到限流作用。

(2) 在串联电路中，电阻可以起到分压作用，也就是说，电路的总电压在各个电阻上都分担一些。请记住这句话！后面在学到用万用表测电压时，你就可以通过实验进行验证。

(3) 在并联电路中，电阻可以起到分流作用，也就是说，电路的总电流在各个电阻上都分流一些。请记住这句话！后面在学到用万用表测电流时，你就可以通过实验进行验证。

猜想跷跷板

电阻有很多种。图 41－4 所示的电阻“穿”着彩色条纹外衣，这些彩色条纹有什么作用？应该不是为了好看吧？

____

____

探索 X 世界

自制电扇

酷暑难耐，我们可以自己动手制作电扇陪伴我们度过一个清凉的暑假。

实验目的

体会电能转换成动能的过程。

实验器材

彩色卡纸，刀片，剪刀，胶带，电动机，电池。

实验步骤

(1) 思考并和同学们讨论：电扇的特点、电动机如何才能“变”成电扇。

(2) 设计出电扇的叶片形状，使电扇能吹动纸巾。

(3) 改变叶片的形状，研究叶片长短对风力大小的影响。

(4) 分析叶片不可以是 5 片以上的原因。

实验记录

设计的电扇草图如下：

实验结果

(1) 在实验中我体会到：______________________________________。

(2) 同学们做的风扇效果如何？我设计的检验方式是____________________

____。

穿越时空

1946 年，人类历史上的第 1 台计算机登上舞台(图 41－5[①])，这台名叫“ENIAC”

① 图片来源：搜狗百科埃尼阿克图册。

(Electronic Numerical Integrator and Calculator)的庞然大物是美国的约翰·阿塔那索夫教授发明的。这台计算机共用了 18 000 个电子管，占地 170 平方米，大概有小半个篮球场那么大，重达 30 吨，大约有6 头成年大象那么重，它的耗电功率约为 150 千瓦，每秒可以进行 5 000 次运算。虽然现在看来它的运算能力微不足道，因为现代计算机的运算速度已经达到每秒万亿次以上，但是在当时这台计算机有着划时代的意义。

图 41－5

现代计算机把更为复杂的电路集成在越来越小的模块上，将电路中所需要的电容、电阻等元件制作在很小的基片上，大大节省了空间，为现代电子技术的发展做出巨大贡献。

集思小擂台

VR 和 AR

VR(Virtual Reality)是虚拟现实技术，它是指使用计算机模拟环境，将多源信息融合，通过人的听觉感知和视觉感知，使人进入一个十分真实的虚拟场景。虚拟现实技术是一种可以体验虚拟世界的计算机仿真系统(图41－6)。

图 41－6

AR(Augmented Reality)是增强现实技术，它是指一种实时地计算摄影机影像的位置和角度并加上相应图像的技术，目标是在屏幕上实现虚拟世界与现实世界的互动。

随着科技的快速发展，这两项技术正趋于成熟。你能说说它们会给我们带来哪些帮助？它们带来的只有游戏体验感吗？说说你的想法。

考虑你该如何使自己紧跟时代的步伐，力争使自己成为科技的创新者，而不仅仅是科技的享用者。

专题 42

测量电路好帮手

电路设计很重要，电路测量不可少，万用表就是电路设计和测量的好帮手(图 42－1)。

认识一个新朋友时，人们往往会把自己的名片递给别人以示尊重。在认识电子设备时，如果也有这样一张名片，就可以帮助我们更快地认识这个电子设备。电子设备的名片就是它的使用说明书。

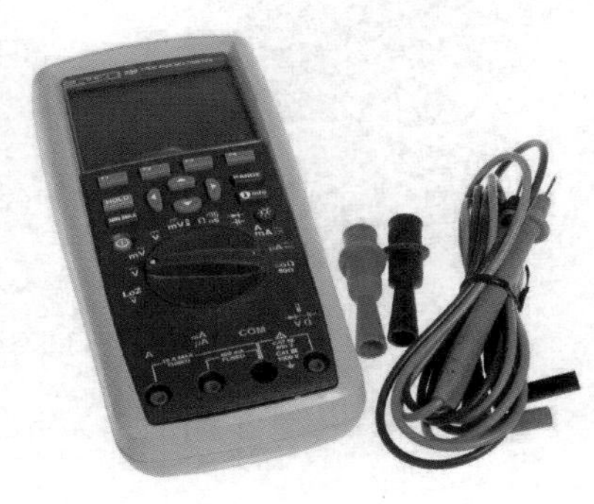

图 42－1

知识充电站

万用表可以用来测量交流电压、直流电压、电流和电阻等，在工业领域起着安防和调试的作用。它在我们的日常生活中也不少见，比如电路测试、装修等。

万用表的使用方法

万用表有两根表笔，分别是红色表笔和黑色表笔。使用时先将红表笔插入“V Ω”孔，将黑表笔插入“COM”孔，就可以进行测量。

图 42－2

1. 测电阻

(1) 将数字万用表的旋钮调到测电阻“Ω 区”最大档“200M 档”(图42－2)。将两根表笔头相碰，观察显示数据是否为零。两根表笔头直接相碰，电阻应该为零。

(2) 测量电阻时，首先检查是否已将被测电阻与电源断开。

(3) 用红、黑表笔头接到电阻两端的金属部分，然后读出显示屏显示的数据并记录。

（4）当测量数据很小时，需将旋钮调到相应的小量程档，才能得到更为精确的测量值。

（5）如果显示屏显示的数据为“1”或者是“错误”的话，则说明量程太小，需要加大量程。

2. 测电压

电压的测量一般分为两种情况：一种是直流电压，一种是交流电压。

图 42－3

家庭用电一般都是交流电，测交流电压要用交流电压档，需将万用表上面的旋钮调至“V～”。

注意：千万不要轻易尝试测量家中的交流电，因为电压很高、很危险；在使用万用表时需要有教师或者家长指导。

我们测量干电池所提供的直流电压。

（1）将数字万用表上面的旋钮调至“V—”档（图 42－3）。

（2）将红、黑表笔头并联到待测电路两端。

（3）把旋钮调至比估计值大的量程档，读出数据。

（4）当测量数据很小时，需将旋钮调到相应的小量程档，才能得到更为精确的测量值。

（5）如果显示屏显示的数据为“1”或者是“错误”的话，则说明量程太小，需要加大量程。

3. 测电流强度

图 42－4

测量干电池电路中的电流强度是安全的。

（1）将数字万用表上面的旋钮调至“A—”档（图 42－4）。

（2）将红、黑表笔头串联到待测电路中。

（3）把旋钮调至比估计值大的量程档，读出数据。

（4）当测量数据很小时，需将旋钮调到相应的小量程档上，才能得到更为精确的测量值。

（5）如果显示屏上显示的数据为“1”或者是错误的话，则说明量程太小，需要加大量程。

探索 X 世界

比一比 1：测电阻

实验目的

学会用两种方法测量电阻阻值的大小。

实验器材

色环电阻(1 kΩ,5 kΩ,10 kΩ)各 1 个,万用表,色环电阻识别图 1 张。

实验步骤

(1) 根据图 42-5 所示的色环电阻识别标注,通过颜色判断的方法来识别色环电阻的大小,并将电阻从大到小排列。

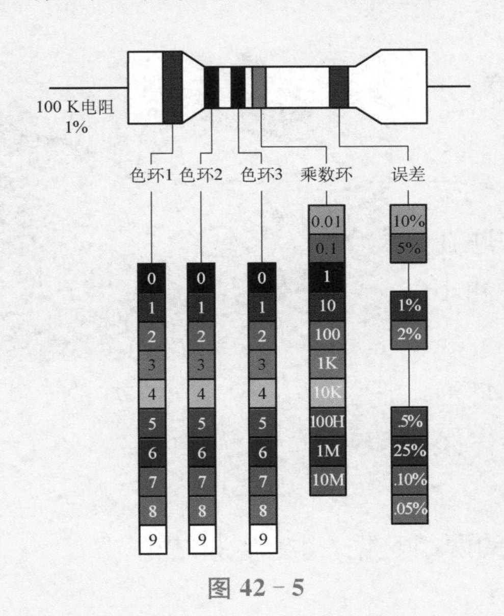

图 42-5

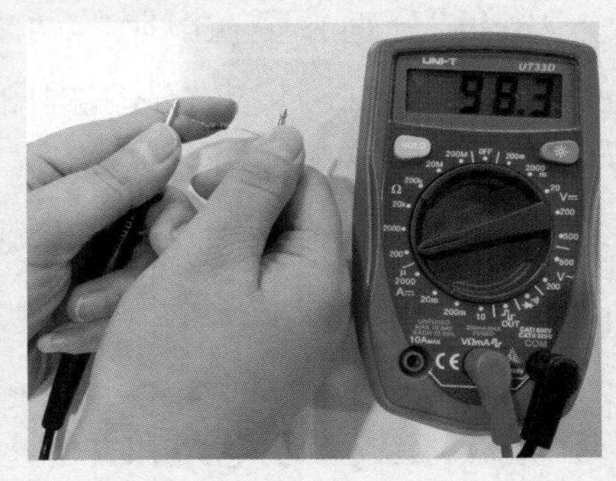

图 42-6

(2) 使用万用表测量和验证自己的判断结果是否正确(图 42-6)。具体操作方法请查找知识充电站。

(3) 使用万用表测试身边物体的电阻,看看谁测量的物体多。(禁止测试带电物体,如通电的开关和插头。)

实验记录

请自行设计表格,将测量值填写至表中,与同学们交流分享。

实验结果

我在实验中测量了不同的电阻和身边不同物体的电阻,发现使用________材料的电阻比较大,比如________________;使用________材料的电阻比较小,比如________________。

在使用万用表测量电阻的过程中,需要注意的是__________________________。我遇到的问题是____。

比一比2：测电压

实验目的

学会串联、并联电路电压的测量(图42-7)。

实验器材

小灯泡，电阻，5号电池两节，电池盒，导线，万用表。

实验步骤

(1) 根据所学知识搭出一个简单的串联、并联电路，使得小灯泡能够发光。

(2) 观察小灯泡的明暗程度，将两只表笔按照“红正、黑负”分别并联在电阻的两端和并联在小灯泡的两端，分别测量电路中电阻的电压和小灯泡的电压，并记录数值。

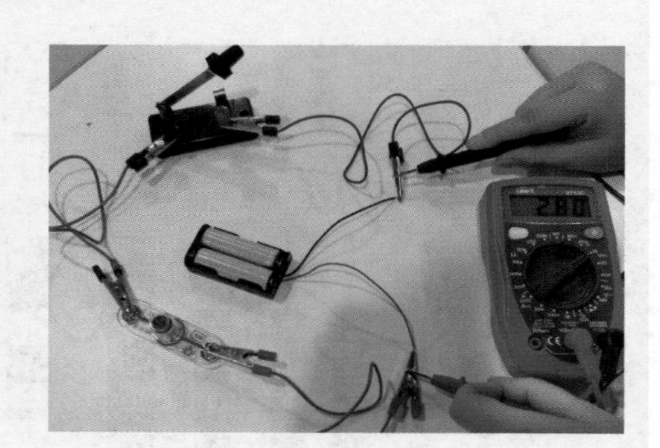

图42-7

(3) 更换或拿走电路中的电阻，观察小灯泡的明暗程度，再次测量小灯泡两端电压，并记录数值。

(4) 分析、比较串联电路和并联电路下的两组数据，得出实验结论。

实验记录

请自行设计表格，将测量值填写至表中，并与同学们交流分享。

实验结果

我发现在供电电压(电池数量、规格相同)相同的情况下，串联电路中小灯泡的亮度比并联电路中的亮度更________。

在使用万用表测量电压的过程中，需要注意的是________________。
我遇到的问题是________________________________。

比一比3：测电流

实验目的

学会串联、并联电路电流的测量(图42-8)。

实验器材

小灯泡，电阻，5 号电池两节，电池盒，导线，万用表。

实验步骤

（1）根据所学知识搭出一个简单的灯泡和电阻的串联电路，使得小灯泡能够发光。

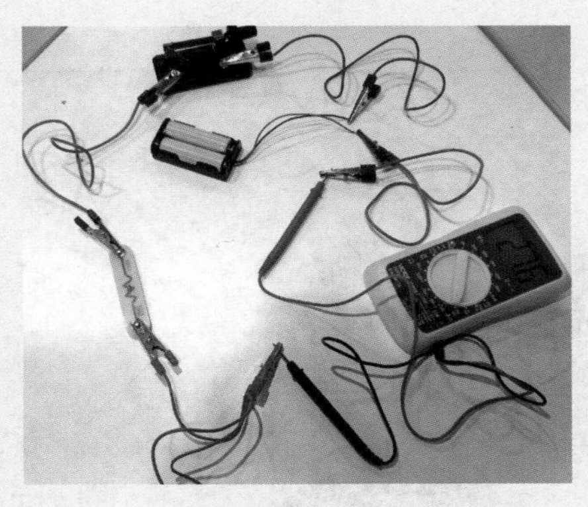

图 42 - 8

（2）观察小灯泡的明暗程度，将两只表笔按照“红正、黑负”分别串联在电路中，分别测量电路中电阻的电流和小灯泡的电流，并记录数值。

（3）更换或者拿走电路中的电阻，观察小灯泡的明暗程度，再次测量小灯泡两端电流，并记录数值。

（4）根据所学知识搭出一个简单的灯泡和电阻的并联电路，使得小灯泡能够发光，并完成上述步骤(2)和(3)。

（5）分析、比较串联电路和并联电路下的两组数据，得出实验结论。

实验记录

请自行设计表格，将测量值填写至表中，并与同学们交流分享。

实验结果

在使用万用表测量电流的过程中，需要注意的是____________________。我遇到的问题是____________________________________。

集思小擂台

（1）学着画一个混联(既有串联也有并联)的电路图。在咨询教师之后搭建你的混联电路，测量电路中各部分的电流和电压，并记录这些电流和电压值，你发现什么规律？与“探索 X 世界”中“比一比”的结论相同吗？

(2) 在测量电阻、电流、电压的过程中，容易犯哪些错误？当遇到这些错误时，你是怎么解决的？

穿越时空

欧姆(1789——1854)
德国著名物理学家
图 42-9

乔治·西蒙·欧姆(Georg Simon Ohm，1787—1854)是德国物理学家(图 42-9)。他出生在巴伐利亚埃尔兰根城。父亲是个技术熟练的锁匠，十分爱好哲学和数学。欧姆从小就在父亲的教育下学习数学，并受到有关机械技能的训练，这对他后来的研究工作特别是自制仪器有很大的帮助。

1800 年，欧姆在中学接受古典式教育。1803 年他考入埃尔兰根大学。1805 年，欧姆进入埃尔兰根大学学习，后来由于家庭经济困难，于 1806 年被迫退学，之后他在一所中学教书。通过自学，1811 年欧姆又回到埃尔兰根完成大学学业，并通过考试于 1813 年获得哲学博士学位。1817 年，他的《几何学教科书》一书出版。同年欧姆应聘到科隆大学预科教授物理学和数学。在科隆大学设备良好的实验室里，他做了大量实验研究，完成了一系列重要发明。

1827 年，欧姆发表了《伽伐尼电路的数学论述》，从理论上论证了欧姆定律。欧姆以为他取得的研究成果一定会受到学术界承认，他也会受邀去教课，可是他想错了，这本书的出版招来不少讽刺和诋毁，大学教授根本看不起他这个中学教师。德国人鲍尔攻击他说："以虔诚的眼光看待世界的人不要去读这本书，因为它纯然是不可置信的欺骗，它的唯一目的是要亵渎自然的尊严。"这一切使欧姆十分伤心，他在给朋友的信中写道："伽伐尼电路的诞生已经给我带来了巨大的痛苦，我真抱怨它生不逢时，因为深居朝廷的人学识浅薄，他们不能理解它的母亲的真实感情。"

当然也有不少人为欧姆抱不平，发表欧姆论文的《化学和物理杂志》主编施韦格(电流计的发明者)给欧姆写信："请您相信，在乌云和尘埃后面的真理之光最终会透射出来，并含笑驱散它们。"欧姆辞去在科隆大学的工作，去当了几年私人教师，直到七八年之后，随着电路研究的进展，人们逐渐认识到欧姆定律的重要性，欧姆本人的声誉也大大提高。1841 年英国皇家学会授予他科普利奖章，1842 年他被聘为国外会员，1845 年又被接纳为巴伐利亚科学院院士。为了纪念他的贡献，电阻的单位"欧姆"就是以他的姓氏命名的。

探索 X 世界

测试水电阻

实验目的

用实验证明水是否导电，进一步学习万用表的使用。

实验器材

食盐 30 克，纯净水，牛奶，塑料杯，万用表，尺，电子秤。

实验步骤

(1) 在塑料杯内倒入 2/3 容积的纯净水，等待水静止。

(2) 用尺使得万用表两根表笔间相距 2 厘米，并设法固定表笔间距。

(3) 将万用表调至合适的欧姆档，将表笔放入水中，尽可能不要碰到杯壁。测试水中电阻大小，读出万用表数值并记录(图 42－10)。

图 42－10

(4) 拿出表笔，加入 10 克食盐搅拌后等待 30 秒。

(5) 再次放入表笔，测试盐水的电阻大小并记录。

(6) 拿出表笔，再加入 20 克食盐搅拌后等待 30 秒。

(7) 再次放入表笔，测试盐水的电阻大小并记录。

实验记录

请自行设计表格，将测量值填写至表中，并与同学们交流分享。

实验结果

经过实验发现，当在水中放入食盐之后，所测得的电阻阻值变________。

使用这样的方法在水中测量电阻合适吗？如果不合适，是为什么？

____

____

集思小擂台

（1）在测量水电阻的过程中，需要注意哪些问题？它和传统的电阻测量有什么异同？

____

____

（2）为什么在测试过程中要多次等待 30 秒？为什么要依次加入食盐？

____

____

（3）在测量水电阻的过程中容易犯哪些错误？当遇到这些错误时你是怎么解决的？

____

____

猜想跷跷板

（1）人体有电阻吗？通过搜集相关的资料证实你的想法。

____

____

（2）选择 10 种身边不同材料制成的物品，测量这些物品的电阻，记录它们的阻值并分析材料与阻值之间的关系。

____

____

（3）关于电阻，你还有什么猜想？

____

____

专题 43

当声音遇上光

每当深夜来临，漆黑一片的楼道给我们带来很多不便，我们不得不在楼道里装上一盏盏电灯照明。可是新的问题又来了，这些电灯的开关应该装在哪里？我们上楼、下楼，开关仍留在原地，难道让我们走回去关灯吗？可是不关灯又十分浪费电，这该怎么办呢？有一个聪明的办法就是使用双联开关，这样我们不论在楼上还是楼下就都能开关电灯了。

探索 X 世界

双联开关控制灯

实验目的

进一步认识电路。

实验器材

导线，电池，开关，小灯泡。

实验步骤

(1) 分析图 43-1 中双联开关控制灯电路图是否合理。

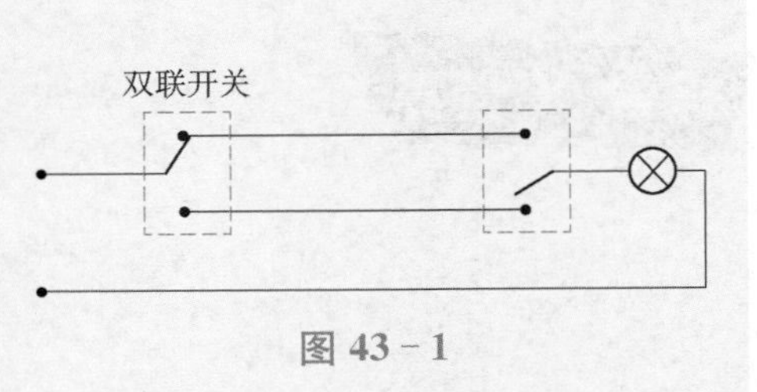

图 43-1

(2) 根据电路图连接器件，并验证该双联开关是否能够成功运作。

(3) 进一步研究如何使用双联开关控制两盏灯，并进行验证。

实验记录

我设计的连线图如下：

实验结果

根据上面的连线图，开始灯泡处于不亮的状态。

当我靠近开关 1 并拨动开关 1 时，小灯泡________；

当我走到开关 2 并拨动开关 2 时，小灯泡________；

当我再次拨动开关 2 时，小灯泡________。

当另一人又来拨动开关 1 时，小灯泡________。

这时，如果拨动开关 1 会怎样？拨动开关 2 又会怎样？

____

____

集思小擂台

将双联开关用于楼道中的电灯控制是一个办法，但是我们上下楼每层都要开灯、关灯，不仅十分麻烦，时不时还总有人会忘记关灯。于是又有人想出一个新办法，使用声音控制楼道中的电灯，让电灯在“听”到声音时自行打开。

声音为什么能够控制电灯？只用声控开灯就可以吗？白天电灯还亮着又该怎么办？电灯打开之后又怎么关掉呢？

____

____

探索 X 世界

黑暗中的智慧光

你弄清楚楼道中的电灯究竟是如何控制的吗？现在，请利用学到的知识自己制作一个 LED 小夜灯。比一比，看看谁的小夜灯更漂亮、更“聪明”。

实验目的

学会电路的连接；了解、体验声控开关和光电传感模块的使用。

实验器材

电池，声控开关模块和光电传感模块，LED小灯，导电胶带，胶带，其他辅助工具。

实验步骤

（1）根据所学知识搭出一个可以使用声音控制、光电控制的LED小夜灯，画出你设计的电路图。

（2）在满足基础功能的同时，将小夜灯做得更富有美感。

实验记录

请画出自己设计的小夜灯电路图或者示意图。

实验结果

交流你制作的LED小夜灯实物照片。

知识充电站

人们为了从外界获取信息，必须借助感觉器官。但是在逐渐深入研究自然现象背后的规律，以及在逐渐优化生活和生产时，单靠人们自身的感觉器官，就远远不能满足要求。为了适应这种情况，就需要更加方便和有用的感觉器官——传感器。因此，可以说传感器是人类五官的延伸和精密化，在一定程度上也是人类五官的替代品。

传感器五花八门，有比拟人类视觉的光敏传感器、有比拟人类听觉的声敏传感器、有比拟人类嗅觉的气敏传感器、有比拟人类味觉的化学传感器，还有比拟人类触觉的压力传感器、温度传感器等。除此之外还有位移传感器、红外传感器等各式各样的传感器，为数据采集起到不小的作用。

传感器的特点包括微型化、数字化、智能化、多功能化、系统化、网络化，它不仅促进了传统产业的改造、更新、换代，还使得工业系统智能化程度越来越高。

随着科技的发展和普及，传感器也在不知不觉中渗透我们的生活。举个例子来说，生活中随处可见的手机就是一个各类传感器的集合体，一个小小的手机上就有10～20种不同类型的传感器，比如摄像头和麦克风。

请你把传感器的相关知识进行分类、归纳总结，设计一个向大家介绍传感器的表格。

猜想跷跷板

传感器运用在生活的方方面面，我们的衣食住行都可以让传感器来帮忙。请发挥你的想象力，畅想未来传感器还能被运用在哪些方面？

____

____

专题 44

当小偷遇上磁

早在两千多年前，中国古代劳动人民就已经发现了磁石，之后用磁石制出司南，并逐渐演化成为指南针。在我们的生活中，到处都有磁的身影，比如磁悬浮列车、扬声器、发电机、医学核磁共振等，这些都是磁的应用。核磁共振技术已广泛应用于医学诊断（图44-1），从核磁共振可以实现人体断层扫描成像[①]，能够让医生清楚地了解病情。

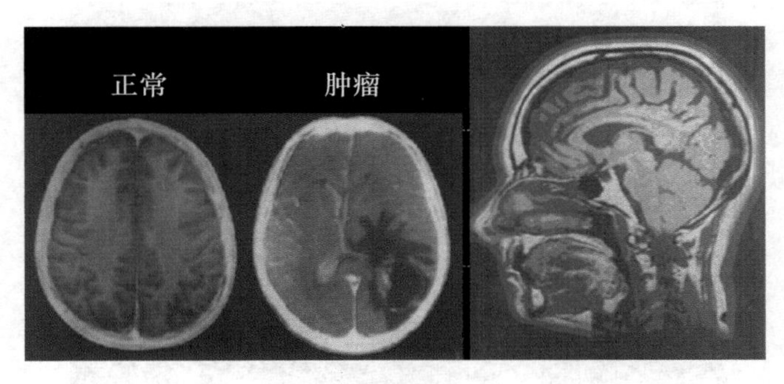

图 44-1

知识充电站

条形磁铁、蹄形磁铁或者各种造型的强力磁铁（钕铁硼磁铁）都是永磁体。永磁体是在没有外加磁场的情况下可以长久保存自己磁性的物体。它被应用在电子、电气、运输、生活等诸多领域，也是日常生活中不可或缺的“小伙伴”，比如说家中冰箱的门封条、冰箱贴等。磁铁材料具有特殊的微观结构，正因为如此它所具备的磁性能够永久保存。

① 图片来源：第二军医大学梳理学科专业网站，http://sljys.fmmu.edu.cn/nr.jsp? urltype=news.NewsContentUrl&wbnewsid=47979&wbtreeid=6638。

奥斯特(1777—1851)，丹麦物理学家、化学家

图 44－2

有一种磁铁叫做电磁铁。1820 年，丹麦的物理学家奥斯特(图 44－2)通过实验发现，通电导线周围存在磁场。之后经过科学家的不断研究，就有了电磁铁——通过电流获得磁场的装置，并将它应用在工业、机械、医疗等各个方面。

电磁起重机：电磁铁在实际中的应用很多，最直接的应用就是电磁起重机。把电磁铁安装在吊车上，通电后吸起大量钢铁，移动到另一位置后切断电流，就可以把钢铁放下。大型电磁起重机一次可以吊起几吨钢材，在大型的废品处理厂就可以见到这种大型电磁起重机。

磁悬浮列车：磁悬浮列车是一种采用无接触的电磁悬浮、电磁驱动系统的高速列车系统。它的时速可达 500 公里以上，是当今世界最快的地面客运交通工具，有速度快、爬坡能力强、能耗低、运行时噪音小、安全舒适、不燃油、污染少等优点。图 44－3 为我国第一条自主设计制造的磁悬浮车——长沙磁浮快线(中低速)。上海龙阳路到浦东国际机场的磁悬浮列车就是个很好的实例，你有没有体验过？

图 44－3

探索 X 世界

磁铁可以吸什么

实验目的

研究磁铁可以吸引哪些物质。

实验器材

磁铁，铁，铜，纸，木头，铝，几种硬币，塑料。

实验步骤

(1) 用磁铁分别靠近并贴上准备的铁、铜等物体，观察并记录实验现象(图44-4)。

图 44-4

(2) 用磁铁分别靠近并贴上自己身边的物质，注意不要靠近可能因磁化而会被损坏的物体(如磁卡、电子产品等)，观察并记录实验现象。

实验记录

我用磁铁吸引了______________________________。

实验结果

当手中的磁铁靠近__________时，可以成功地将它们吸住；

当手中的磁铁靠近__________时，可以勉强地将它们吸住；

当手中的磁铁靠近__________时，不能将它们吸住。

真假难辨

实验目的

研究磁的特性。

实验器材

磁铁，与磁铁外观相同的铁棒。

实验步骤

(1) 在实验中不使用其他工具区分磁铁和铁。

(2) 想想还有什么办法可以区分磁铁和铁，并进行实验验证。

实验方案

我的实验方案如下：

____

____

实验记录

______

______

实验结果

______

______

探索 X 世界

充磁和消磁

实验目的

研究和了解永久磁铁和非永久磁铁的不同。

实验器材

磁铁,铁片,回形针。

实验步骤

(1) 将铁片在磁铁上不断摩擦,然后将铁片靠近回形针,尝试能否将回形针吸起。

(2) 比一比,在同一时间内怎样摩擦才能将回形针吸得更久。

(3) 将已经磁化的铁片再次在磁铁上摩擦,让铁片的磁性消失。

实验记录

记录实验过程如下:

实验结果

通过实验可以得到什么结果?用自己的话进行描述。

______

______

猜想跷跷板

通过学习，你已经发现电和磁之间有着紧密的联系。那么，当导线通电时磁场方向的指向应该如何？

探索X世界

验证猜想跷跷板

实验目的

研究导线通电时的磁场。

实验器材

电源，导线，开关，若干小磁针。

实验步骤

(1) 回顾学过的电路知识，将电源、导线、开关构成一个串联回路。

(2) 在通电直导线周围不同位置放上小磁针，观察小磁针的偏转情况。

(3) 将导线环成一个圈，通电后在周围不同位置放上小磁针，观察小磁针的偏转情况。

(4) 将导线绕成线圈，通电后在周围放上小磁针，观察小磁针的偏转情况。

实验记录

记录实验过程如下：

实验结果

通过实验可以得到什么结果？用自己的话进行描述。

______

______

自制电磁铁

实验目的

自制电磁铁。

实验器材

铁钉，漆包线，电池，回形针，胶带，开关。

实验步骤

(1) 将漆包线的两头用美工刀或剪刀刮除。

(2) 将漆包线一圈一圈紧紧缠绕在铁钉上，注意两端需留下一小段。

(3) 将漆包线两头分别固定在电池两端。

(4) 将通电后的铁钉靠近回形针，观察实验现象(图44-5)。

(5) 在注意安全的前提下，用什么办法能使电磁铁"吸"起更多的回形针？记录并验证你的想法，将你成功的经验与大家分享。

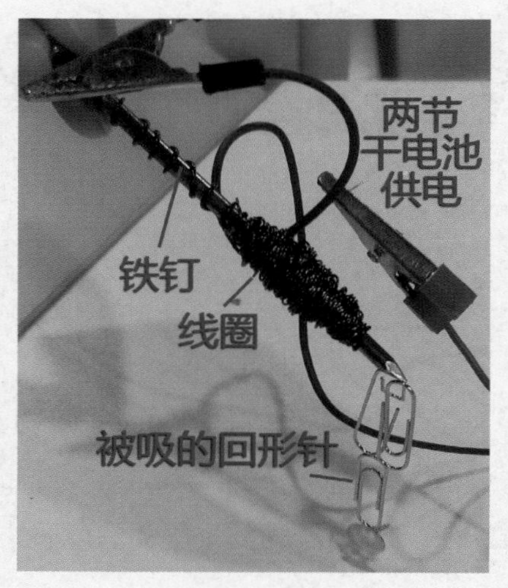

图 44-5

实验记录

记录实验过程如下：

实验结果

通过实验可以得到什么结果？用自己的话进行描述。

___

___

知识充电站

在我们的生活中"磁"的应用十分广泛，干簧管便是其一(图 44-6[①])。干簧管(Reed

① 图片来源：http://www.rongbiz.com/info/show-htm-itemid-334757.html。

Switch)又称舌簧管或磁簧开关，它是一种磁敏的特殊开关，是干簧继电器和接近开关的主要部件。

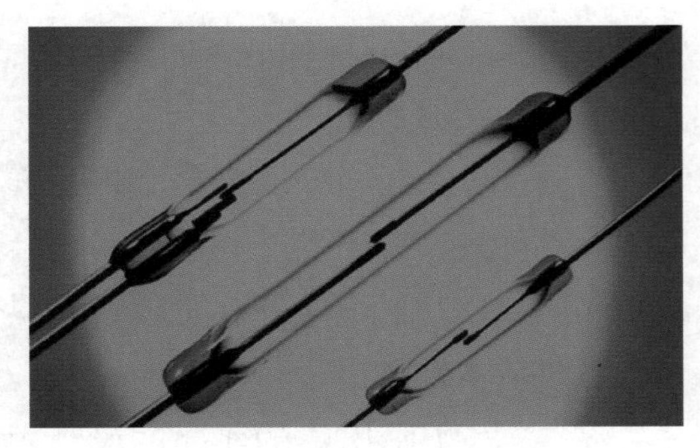

图 44－6

在干簧管中，将两片端点处可重叠、可磁化的簧片密封在一玻璃管中，在玻璃管内充入惰性气体。使用时，将磁体靠近干簧管，两片簧片便会接触，使得电路导通，就好像一个“开关”，只是它的触发方式与我们平时触发其他开关的方式不太相同。

在 1936 年，贝尔电话实验室的沃尔特·埃尔伍德(Walter B. Ellwood)发明了干簧管。目前在家电、汽车、安防等诸多领域都能看到干簧管的身影。

猜想跷跷板

图 44－7

市面上有种玩具号称自己是“永不停止的陀螺”、“永不停止的混沌摆”(图 44－7)，难道永动机真的存在吗？它有什么奥秘？选择其中一种进行深入研究，通过自己的体验或者通过查阅相关书籍和网上资料来探究其中的奥秘。

探索 X 世界

学习了这么多与磁有关的内容，不知道你有什么收获？请你设计一个属于自己的独一无二的装置或者玩具，需要哪些器材？我们身边的很多日常用品都是小制作的好材料，请不要轻易放过。

“磁”无止境

实验目的

____

实验器材

____

实验步骤

(1) 查阅相关书籍和网上资料,设计一个属于自己的独一无二的装置或者玩具。

(2) 制作这一装置或者玩具的材料、成品的要求不限,但是需要利用"磁"的基本性质。

(3) 画出你的作品的设计思路或者示意图,并尽可能将它实现,在课堂上和同学们分享、交流。

实验记录

记录实验过程如下:

实验结果

通过实验可以得到什么结果?用自己的话进行描述。

____

____

集思小擂台

磁的存在,不仅为我们的生活增添不少便利,还使安全指数提高。我们平时经常通过的安检、超市出入口、图书馆书本防盗等很多地方,磁都在默默地做着贡献。

对于一些贵重且容易被盗窃的商品或者图书馆的书籍,我们会在上面黏贴里面带有细线圈的电子软条码,或者钉上专门的锁扣钉(比如衣服鞋帽等)。如果电子软条码没有在收银台或图书管理处消磁,当它们被带离经过防盗门时就会报警。

(1) 请通过自己搜索的信息解释超市、图书馆防盗门的具体设计原理。

____

____

(2) 请同学们集思广益,想想看磁还能被运用在哪些地方为我们的日常治安添砖加瓦。

____

____

专题 45

当超重遇上惯性

我们都知道电梯不能超载，但是很多人却对此满不在乎，为了一分一秒也要硬挤上去。不过，电梯可不会和你讲情面，一旦超载，它就会发出“抗议”的声音，逼着人们等待下一部电梯。很多人可能不知道电梯超载的危害有多大，电梯超载很可能会造成电梯急速下坠。

不仅电梯超载的危害大，货车超载的危害也同样不小。曾经有一辆货车违规驶上高架并超载，因发生侧翻而造成上海中环高桥断裂。这是因为物体具有惯性，并且质量越大惯性越大，车辆难以控制，在刹车转弯时货物容易发生前冲和侧翻，超载的货车危害非常大。另外，由于超载的车辆惯性大，上坡时车辆容易动力不足，下坡时则容易刹不住车向下猛冲，也会造成严重的安全事故。

知识充电站

惯性是什么？惯性是一切物体的固有属性。对于固体、气体、液体，无论物体是运动还是静止，一切物体都具有惯性。

当物体所受外力作用为零时，如果原来是静止的，物体仍将保持静止；如果原来是运动的，物体将保持原来的速度作匀速直线运动。

我们把物体保持运动状态不变的属性叫做惯性。惯性代表物体运动状态改变的难易程度（图 45 - 1）。惯性的大小只与物体的质量有关。质量大的物体运动状态相对难于改变，也就是惯性大；质量小的物体运动状态相对容易改变，也就是说，它的惯性小。

图 45 - 1

任何物体在不受外力时，总保持静止或匀速直线运动状态，这就是惯性定律（牛顿第一定律）。比如，当一辆小车在光滑的地面上向前行驶，当没有受到任何外力（如阻力、推力等）作用时，它将一直保持恒定的速度。

探索 X 世界

实验 1：说“牛一”

实验目的

亲身感受惯性。

实验器材

重物。

实验步骤

(1) 由一位同学扮演说话者，让他面壁而立并以正常语速大声说，“牛一牛一，惯性定律”，说完迅速回头。其他同学在 5 米以外开始前进，每次说话的同学回头看时，其他同学必须停止前进、保持静止。被说话的同学发现肢体运动者就被淘汰出局。最先走到说话的同学旁边，轻拍说话的同学的肩膀即为胜利。

(2) 其他同学手上拿着很多厚书或者其他重物再来玩一次。

(3) 比较两次实验的感受并分析原因。

实验记录

记录实验过程如下：

实验结果

通过实验可以得到什么结果？用自己的话进行描述。

____

____

实验 2：抽桌布

实验目的

解密魔术中的惯性。

实验器材

桌布，杯子，铅笔盒，水。

实验步骤

(1) 将桌布平整地铺在桌面上。

(2) 在桌布上放置杯子和铅笔盒。

(3) 用手沿着桌面的水平方向，快速地抽掉桌布(图 45－2)。

图 45－2

(4) 观察桌面上的杯子是否能够不倒下。

(5) 重新铺开桌布，放上杯子，在里面加上半杯水。

(6) 抽掉桌布并观察杯子的水面情况。

实验记录

记录实验过程如下：

实验结果

通过实验可以得到什么结果？用自己的话进行描述。

集思小擂台

超载的车辆由于惯性大，遇到紧急情况无法刹车；转弯时车子会不听使唤，向前直冲，非常危险。

公路的路面和桥梁是按照道路等级的国家设计标准设计的，对通行车辆载荷有具体要求。超重的车辆不仅对交通安全有巨大的危害作用，还可能对路面或桥面造成损伤(图 45-3①)。

图 45－3

检测车辆超载，拦住超载车辆，需要交通警察的辛苦工作。请你想一想有什么办法能够帮助交通警察快速自动地检测出超载车辆并进行成功拦截。

探索 X 世界

请你将想法变为现实，自己做一个自动检测超重的设备。

① 图片来源：http://www.jhnews.com.cn/jhrb/2013－06/04/content_2806521.html。

专题 46

当生日遇上开关

穿越时空

从古至今，重要的节日或喜庆的日子，人们都会送上自己最真挚的祝福。纸质贺卡的历史悠久，是一种传统的祝福方式。即便在当今通信网络、手机媒体发达的时代，贺卡也还未被遗忘，一张小小的贺卡可以表达出复杂的情感（图 46－1）。

(a)

(b)

图 46－1

教师节来临时，为了表达对教师的尊重和感激，同学们会亲手制作贺卡，在各种各样的贺卡中倾注了学生的真情实感。很多网站还图文并茂，教大家如何做一张美丽的贺卡（图 46－2）。

图 46－2

猜想跷跷板

你收到过什么样的贺卡？让你觉得最有新意的贺卡是什么样的？描绘你喜欢的贺卡的特点。

____

____

随着时代的进步技术的发展，纸质贺卡越来越少见，取而代之的是各种电子贺卡、电子祝福，你有没有收到过？请发挥自己的想象，大胆想象未来的贺卡会是什么样子。

____

____

知识充电站

你见过音乐贺卡吗？打开音乐贺卡，就会发出美妙的音乐，有的还能发出绚丽的灯光。你有没有想过这首优美的音乐是从贺卡哪里发出来的？

这里就要提到“藏”在音乐贺卡中的电子模块（图 46－3）。为了方便生产，贺卡制造商通常将能够发出音乐的声光集成电路、开关金属片、钮扣电池夹等元器件直接封装在一块印刷电路基板上，再将基板黏在一张不干胶纸上，这通常被称为音乐电子机芯，再将整个模块黏贴到贺卡的合适位置。

图 46－3

46－4

有些贺卡中加入了绚丽灯光效果，这些灯光是和音乐同时被触发的。到底是什么神奇力量点亮这些"小灯泡"呢？这些绚丽的"小灯泡"有个响亮的名字"发光二极管"。发光二极管是一种半导体二极管，可以把电能转化成光能。贺卡的生产厂家将这种发光二极管也集成到贺卡的电路中，这就使得贺卡既能"唱歌"又能"发光"。图 46－4 就是同学们自己制作的一张既能"唱歌"又能"发光"的贺卡，你是不是也想试试？

猜想跷跷板

为什么只有当贺卡打开时，音乐才会响起、灯光才会亮起？

____

____

探索 X 世界

别出心裁

实验目的

了解音乐贺卡的秘密之后，我们来设计一张具有别出心裁的开关和内容的生日贺卡。

实验器材

音乐，发光模块，电池，卡纸，必要的工具等。

实验步骤

(1) 在打开贺卡时，贺卡上的灯光会自动打开，音乐会自动播放。

(2) 隐藏发光二极管和音乐模块，将它们与图画及文字结合在一起，做出一张别出心裁的生日贺卡。

实验记录

记录实验过程如下：

实验结果

通过实验可以得到什么结果？用自己的话进行描述，并交流贺卡照片。

____

____

知识充电站

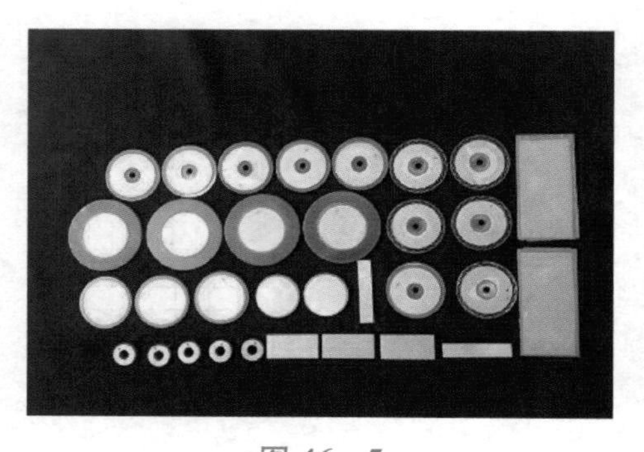

图 46－5

压电陶瓷是一种能够将机械能和电能相互转换的陶瓷材料，被广泛应用于医学成像、声传感器、声换能器、超声马达等(图 46－5[①])。除此之外，当测试物体的固有频率时，也可以使用压电陶瓷片。

如果将万用表的电压端接在压电陶瓷片的两端，选择合适的量程，轻轻敲击压电陶瓷片，这时就会发现万用表的显示器出现示数。这是压电陶瓷片将机械能转换成电能。反之，压电陶瓷片也可以在不同的电压下产生不同的振动频率，如果将压电陶瓷片接入音乐模块，它就可以代替蜂鸣器，会根据不同的电压发出不同的振动频率。

1880 年，居里兄弟首次发现压电效应，开启了压电学的历史。最早使用的是石英，随着技术的发展，慢慢合成现在的压电陶瓷。打开电子贺卡所听到的优美音乐，正是音乐芯片中压电陶瓷在振动时发出的声音。

① 图片来源：http://www.rongbiz.com/product/show－3859907.html。

专题 47

当我们遇上“戈德堡”

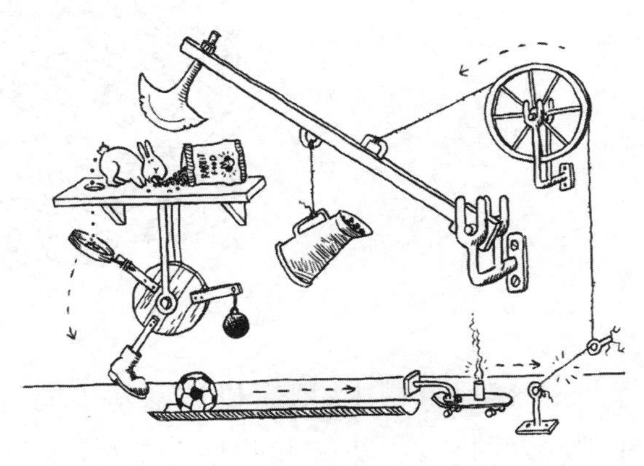

图 47－1

“戈德堡”并不是个地名，它的全称是“鲁布·戈德堡机械”或者“鲁布·戈德堡装置”。该设备或装置是一种经过故意过度设计的机器，以非常复杂的方式执行非常简单的任务，通常包括连锁反应。

大家先来看一张经典的戈德堡机械示意图“自杀的兔子”(图 47－1①)。当小兔子吃完兔粮，转化为排泄物落到转盘上，转动鞋子踢球，球推动滑板，滑板上载有的蜡烛烧断棉线，重物带动铡刀落下。小兔子吃兔粮，结果了却了它的“自杀心愿”。

有这么一句话：“人生要是所有的任务都用戈德堡风格实现，会被指控浪费生命……”戈德堡机械将“化简为繁”发挥到极致，表面上这些装置没有实际用途，甚至看上去极其愚蠢，但是它的背后却包含各种科学知识，而且能够给别人带来欢乐和乐趣。

穿越时空

20 世纪，人们开始拥抱和享受科技带来的各种好处，同时人们也开始变得懒惰和依赖科技。美国漫画家鲁布·戈德堡从小就对身边的新鲜事物充满兴趣，并且用他独特的幽默方式去思考和发明。1914 年他推出了“自动减肥机”的戈德堡机械主题系列，赢得当时很多读者的青睐。普度大学迄今每年都还在坚持举办戈德堡机械创意大赛。

一开始画出的戈德堡机械仅供娱乐。不过，现在广泛流行的戈德堡机械更多的是实实在在的装置，或者说是由若干种简单机械组合而成的机器。戈德堡机械的原理基于 7 类简单结构，它们分别是杠杆、滑轮、车轮、车轴、斜面(斜坡)、螺旋和尖劈。许多学生都

① 参考文献：[英]安迪·莱利，《又来了，找死的兔子》，海口：南海出版公司，2007 年。

很喜欢戈德堡机械。在理解、设计、制作戈德堡机械的过程中,不仅可以学习物理规律,还能学习7种简单机械结构的应用。

如图47-2① 所示,你能看出其中的端倪吗?

野外旅游

一名男子到野外旅游,刚到了目的地他就睡着了。等他醒了后,所有吃的都准备好了。你知道是谁帮了他的忙?

图 47-2

戈德堡机械中,所有机械都基于能量守恒来设计,其中包括能量的转化和传递,用到比较多的是重力势能和弹性势能(图47-3)。

答案

①处的小鱼咬住水里的鱼钩,使②处的绳子被拉紧,牵动拉杆使③处的酒瓶倾斜,酒便倒在杯子里;拉杆旋转的同时使④处的轮子转动,将⑤处电源打开,电路被接通,使得⑥处马达通电;⑦处唱机的一头连着马达开始播放音乐;⑥处马达的顶端是一组轮子带动⑧处拉杆转动,使⑨处拉杆左端的鸡不停旋转,以致最后被烤熟。

图 47-3

① 参考文献:洪家瑞,《逻辑搞死人》,北京:金城出版社,2006年。

集思小擂台

分析和解释图 47 - 4 所示的戈德堡机械作品[①]，看看它使用了哪些手段？你能够把这些过程描述清楚吗？（提示：综合利用你在《我们的看听触感》中学到的一切。）

____

____

乌鸦与马蜂

乌鸦偷了主人的肉不算，还捅了马蜂窝，主人吓得躲进屋内。结果却出乎意料，火箭升空，抓住了乌鸦，马蜂也消失了。你能识破机关吗？

图 47 - 4

知识充电站

在这里我们来看看戈德堡机械究竟是怎么被设计出来的。如果你对戈德堡机械感兴趣，想设计完成时就需要以下步骤：

(1) 首先要想清楚最终要完成什么任务，戈德堡机械是要用复杂的过程完成一个简单的任务。

(2) 想一想要用多少步来完成整个过程。2011 年打破吉尼斯世界纪录的戈德堡机械是“时光机”，它用戈德堡机械的形式讲述自大爆炸以来的历史，全程为 244 步，共用时 2.5 分钟。

(3) 发挥你的想象，运用在《我们的看听触感》中所学到的知识，设计戈德堡机械中的机关，并画出示意图。

---

① 参考文献：《逻辑搞死人》，北京：金城出版社，2006 年。

(4) 分部分完成材料的搭建和验证，将验证完成的部分进行组装。注意在实验过程中安全第一。

(5) 欣赏你的装置，享受戈德堡机械的乐趣。

(6) 思考你的装置运用到哪些学过的物理知识。

探索 X 世界

下面是道家庭活动竞赛题，你有兴趣和爸爸妈妈一起来玩玩戈德堡机械创意吗？

1. 创意设计目标

利用提供的材料和工具，在桌子上搭建一套装置，达到以下目的：

(1) 家庭中一员发出一声“嘿哈”，装置启动；

(2) 启动后的装置可以将一面旗帜(自制的旗)，升高 10 厘米以上；

(3) 还可以滚动在一定位置放着的一个皮球，让其滚下桌子；

(4) 家庭中的其他成员接住皮球。

2. 创意设计现场示意图

创意设计和搭建时，家庭成员围绕桌子随意活动。

搭建完成后，测试时的起始站立位置如图 47－5 所示。家庭成员中一人发出“嘿哈”一声，装置启动后人可移动。

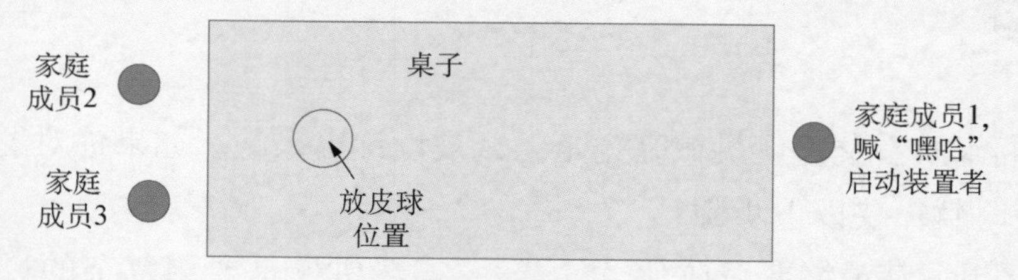

图 47－5

皮球的位置是距离家庭成员靠近的桌边约 20 厘米，距离左右桌边距基本对称。

3. 创意设计材料与工具

多米诺骨牌 100 个，筷子 5 双，粗吸管 10 根，A4 纸 3 张，彩笔若干，皮球 1 个，瓦楞纸 6 片，透明胶带 2 卷，线 1 卷，剪刀 2 把。

4. 创意设计评比规则

在 20 分钟之内完成搭建的家庭立刻示意裁判开始计时。完成搭建时间短并且完成规定任务的家庭胜出。

对于很多同学来说,戈德堡机械是个新鲜的事物。大家一定听说过多米诺骨牌吧。多米诺骨牌(domino)是一种用木制、骨制或塑料制成的长方体骨牌。多米诺骨牌和戈德堡机械的相同之处是都会产生一系列连锁效应。

将多米诺骨牌按一定间距排列成行,轻轻碰倒第 1 枚骨牌,其余的骨牌就会依次倒下。多米诺骨牌是一种游戏,是一种运动,还是一种文化。专业比赛时,多米诺骨牌的尺寸和重量标准是依据多米诺运动规则制成的。

探索 X 世界

神奇的多米诺

实验目的

研究多米诺间距与快慢的关系。

实验器材

多米诺骨牌,秒表。

实验步骤

(1) 摆放出 1 组总长度超过 2 米的多米诺骨牌,骨牌之间的间隔相等(图 47 - 6)。

(2) 推倒第 1 列第 1 个骨牌,骨牌顺势倒下,记录整个过程所用时间。

(3) 再摆出另一条多米诺骨牌,骨牌之间的间隔要求与第 1 条不同。

(4) 推倒第 2 列第 1 个骨牌,骨牌顺势倒下,记录整个过程所用时间。

(5) 比较两个过程,看看骨牌之间的距离与倒下的时间之间是什么关系?

图 47 - 6

实验记录

记录实验过程如下:

____

____

实验结果

通过实验可以得到什么结果？用自己的话进行描述。

骨牌之间的距离越近，骨牌倒下的速度越________。

创意多米诺

实验目的

研究各种关卡和能量转换过程。

实验器材

多米诺骨牌，各种关卡（自己设计）。

实验步骤

(1) 多米诺骨牌的总长度超过3米。

(2) 每条多米诺骨牌必须设置超过3个关卡、1次分支（图47-7）。

(3) 解释并分享自己的多米诺原理。

实验记录

搭建成功后，拍摄多米诺骨牌推倒前后的照片。

实验结果

通过实验可以得到什么结果？用自己的话进行描述。

____

____

图 47-7

猜想跷跷板

一个很小的动作便能使多米诺骨牌发生一连串的反应。在实际应用中，一个很小的初始能量就可能产生一系列的连锁反应，人们把这种现象称为“多米诺骨牌效应”或“多米诺效应”。

在现代工业尤其是在危险品工业中，某一个环节发生差错就可能会导致火灾、爆炸等事故发生，这些事故又可能会引起更大的事故，这也体现出多米诺骨牌效应。

想想看生活中哪些事件体现了多米诺骨牌效应？它告诉我们什么道理？

感

现代戈德堡和多米诺的比赛可能要求使用传感器、自动控制装置等。你能看出在图47- 8①中同学们正搭建的戈德堡机械有几关？使用了哪些传感器？

(a)

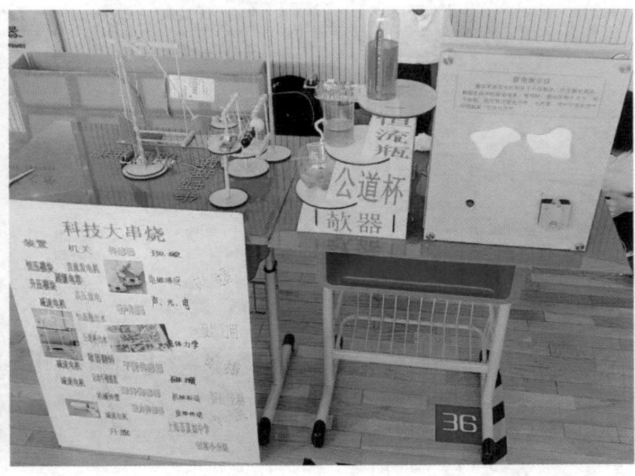

(b)

图 47 - 8

① 本章照片均为上海创客新星大赛学生比赛现场照片，照片中各参赛队分别来自上海市真如中学、上海市同济实验学校、上海市铁岭中学等校。

专题 48

当“反戈德堡”遇上爸爸妈妈

这里的“反戈德堡”是什么含义？戈德堡机械是“化简为繁”的“典范”，“反戈德堡”机械的宗旨是“化繁为简”吗？

大家都希望自己的爷爷奶奶、外公外婆、爸爸妈妈或者关心照顾我们的人快乐健康，我们可以亲手做一套“反戈德堡”机械，让我们所爱的人获得一份大大的惊喜！

图 48－1 所示的“上海市青少年明日科技之星”网站有历年学生作品的介绍，大家可以学习。

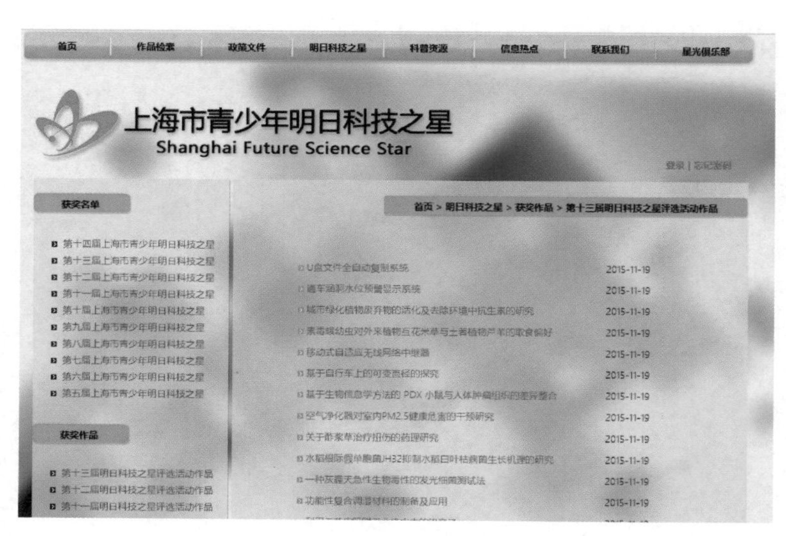

图 48－1

集思小擂台

这个专题所做的“反戈德堡”机械可以帮助爸爸妈妈解决一个实际问题。当然要解决的这个实际问题，需要利用能量的转换和传递，以及我们所学到的所有知识。这个“反戈德堡”机械不需要绕来绕去，而是化繁（烦），需要巧妙运用能量的转换和传递。

（1）想想你想解决什么实际问题？

____

____

（2）要解决这个问题，你需要运用哪些材料？

____

____

（3）分享你的想法和方案。

____

____

探索 X 世界

你的反戈德堡机械

根据你的想法和草图，制作一个“反戈德堡机械”。它可以是为爸爸妈妈解决实际问题的模型，也可以是为老年人解决生活困难的模型。

也许你想帮助妈妈解决出门容易忘带钥匙的问题（图 48－2）；也许你想让爸爸妈妈下班回家开门就有拖鞋从鞋柜自动送到脚边；也许你希望爸爸能够戒掉讨厌的香烟；也许你希望爷爷奶奶半夜起床时通往厕所的小夜灯会自动打开，上床后小夜灯又会自动关闭；也许你希望妈妈烧饭时一出汗就出现丝丝凉风吹向妈妈……

已经有位同学为爷爷发明了一个洗澡擦背的机器（图 48－3），可惜操控有点麻烦；

图 48－2

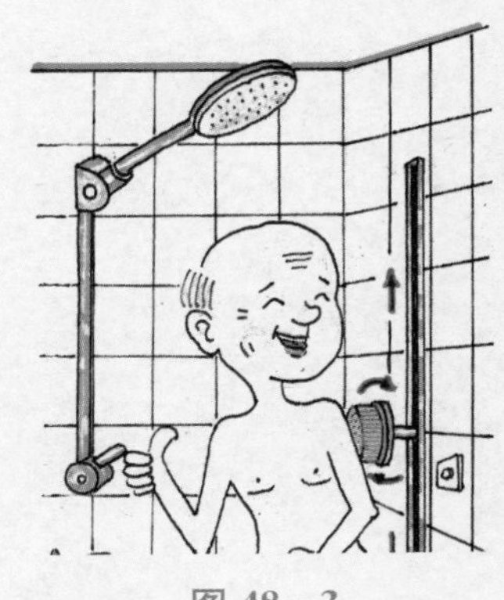

图 48－3

还有位同学为爷爷发明了一辆不用弯腰的购物小车，可惜有点笨重；

还有位同学为老年人发明了可以实现很多功能的机器宠物龟，可惜做好后没有形成产品……

你可以帮助他们改进作品吗？或者是思考、制作一个新作品。你一定还有很多想法，先画出你的设计图。

图书在版编目(CIP)数据

NEW 物理启蒙　我们的看听触感/关大勇,吴於人主编. —上海: 复旦大学出版社,2018. 5
(2025. 1 重印)
(未来科学家培养计划　科学启蒙·探索·研究系列)
ISBN 978-7-309-13496-4

Ⅰ. N…　Ⅱ. ①关…②吴…　Ⅲ. 物理学-青少年读物　Ⅳ. 04-49

中国版本图书馆 CIP 数据核字(2018)第 022227 号

NEW 物理启蒙　我们的看听触感
关大勇　吴於人　主编
责任编辑/梁　玲

复旦大学出版社有限公司出版发行
上海市国权路 579 号　邮编: 200433
网址: fupnet@fudanpress.com　http://www.fudanpress.com
门市零售: 86-21-65102580　团体订购: 86-21-65104505
出版部电话: 86-21-65642845
上海丽佳制版印刷有限公司

开本 890 毫米×1240 毫米　1/16　印张 20.75　字数 431 千字
2025 年 1 月第 1 版第 4 次印刷

ISBN 978-7-309-13496-4/O · 654
定价: 99.00 元

如有印装质量问题,请向复旦大学出版社有限公司出版部调换。
版权所有　侵权必究

未来科学家培养计划
科学启蒙·探索·研究系列

-NEW物理启蒙　我们的看听触感-

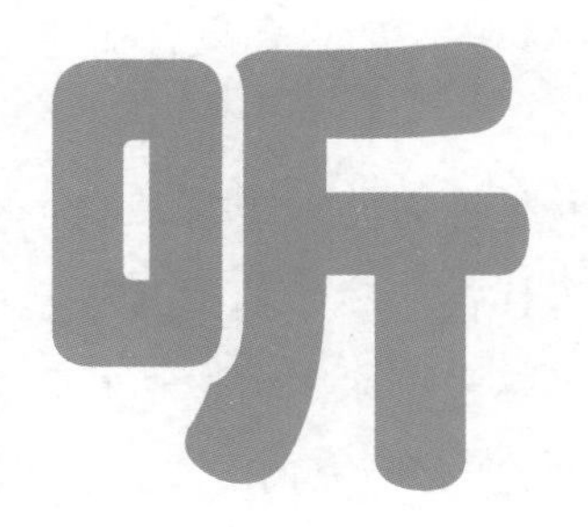

听

主　编　关大勇　吴於人

编　写　邹　洁　沈旭晖　严朝俊　曹　政　刘　晶　[illegible]珊珊　李超华
　　　　吴喜洋　黄晓栋　段基华　杜应银　赵　丹　[illegible]萍

◆ 在潜移默化中接受科学研究基本训练

◆ 在不知不觉中学习鲜活的物理知识点

◆ 在战胜实验挫折中体验科学研究乐趣

◆ 在质疑探索、合作交流中感悟科学精神

復旦大學出版社

序言1 Foreword 1

物理学是最重要的基础科学，它不仅让人们认识“万物之理”，而且让人们学会认识事物的思维方法，这是一切物质科学的基元科学。离开了物理学，就没有电子信息技术、没有光学工程技术、没有材料工程技术、没有机器制造技术等。用一句话来说，没有物理学就没有现代工业技术，也没有现代社会。物理学要从小就学起来。

我手中看到的是一套物理教育书稿：有4册《NEW物理启蒙　我们的看听触感》为小学生而写，旨在让孩子们通过自己的感官，实践科学探索；另有4册《NEW物理探索　走近力声光电磁》为中学生而写，希望中学生在正式学习物理课程之前感受物理的魅力、养成研究的习惯。

这是一套有特色的书。不少物理知识的学习是从玩具和新奇现象切入，引发孩子们的兴趣，然后引导孩子通过科学探索，寻找规律，玩出花样，玩出感悟。书中的很多有趣现象对于小学生、中学生和大学生，都可以发掘到适合自己的研究课题。根据学生的年龄特点，这套书中设计了不少有效激励的游戏和竞赛；鼓励挑战权威，敢于质疑；内容传承经典，又与前沿交融；研究中和研究后均注意鼓励文字记录和表述，以及语言的相互交流。

看到书中有趣的物理玩具，不禁使我想起自己的少年时代。我曾是一个喜欢物理的学生，喜欢做实验，喜欢捣鼓自己的创意小制作。兴趣真是好老师！

当今科学技术日新月异，教育技术也随之改变。在上海这样的大城市，传感器数据采集实验系统、电子书包、微课程平台，以及VR和AR等现代技术的影子相继在学校出现。科学技术的提升，家庭生活的改善，使孩子们玩电子产品驾轻就熟。显然，一方面是“天高任鸟飞，海阔凭鱼跃”，国家教育的投入越来越多，孩子们的学习环境越来越好；另一方面是“机器人抢饭碗”“未来的竞争更为残酷”，这样的说法让家长们人心惶惶。所以，未来社会非常需要的研究型人才、创新型人才、工匠型人才，如何才能有效地进行培育？教师和家长又该如何进行引导、言传身教？课堂教育和课外活动如何给予学生高尚理念、家国情怀？学校和社会如何给予青少年更多发展空间，更好地培养他们未来展翅飞翔的潜能？这才是最重要的。

不久前，FAST这个我国自行研制的世界最大单口径(500米)射电望远镜，在调试阶段已探测到数十个脉冲星候选体；“墨子号”在国际上率先实现千公里级量子纠缠分发；中国的北斗星导航系统已是我国国防不可或缺的坚固保障，同时也撑起了一片创新生态。据报道，谷歌的AI子公司DeepMind研发的AlphaGo Zero可以自学，经过3天的自我对局，Zero变得足够强大，可以一举击败原来版本的AlphaGo。一项项改变未来、改变我们生活的现代技术让我们享用，让我们大开眼界。应该明白，这些技术的发展依赖科学理论的支撑和科学的研究方法，依托有不断学习精神和学习能力的人的发明创造。

这套书的作者希冀借助物理研究方法的启蒙，培育青少年的物理思维能力和发明创新潜能。物理可以视为自然科学的核心，视为新技术源源不断的源泉。物理图景探索、物理技术运用和物理研究方法已经渗透各行各业。所以，青少年学生和家长不要害怕物理，而是要尝试喜欢物理，并积极主动学习物理。培养物理思维能力，会让你受益终身。

物理其实不难，非常生动有趣；物理世界的图景令人豁然开朗，可以在实际中运用。喜欢物理的同学，或是被物理的神趣和挑战所吸引，或是在物理学习中体验到成功和登高远眺的境界。这套书努力让读者感受物理，让读者亲近物理。希望孩子们有越来越多的机会沉浸在能够激发学习兴趣、激发探索潜能的学习环境中。这套书对教师们来说更是任重而道远，要努力探索，让学生掌握课程的知识点并熟练运用，培养学生热爱物理，激发学生终身学习的动力和培养学生终身学习的能力。

中国科学院院士

2017 年 10 月于上海

序言 2 Foreword 2

长期以来，同济大学的大学物理教师一直在探寻更为有效的物理育人方法。在课程设计中强化实践探索，努力为学生构建可引导自主研究的学习环境。五彩缤纷的物理演示实验、物理探索实验、物理仿真研究计算机系统，以及物理研究课题竞赛等软硬件系统建设，均对学生研究能力的提高起到了积极推动的作用，也取得了一系列教学成果。10 年前，同济大学在上海市科委和上海市教委的支持下，成立了上海市青少年科技人才培养基地——同济大学物理实践工作站，将注重实践的理念运用于青少年科学素养培育中，将物理的有趣和神奇、物理的无所不在和推动社会发展的力量展现在大家面前，激励了许许多多的青少年。

现在，曾经的同济大学物理实践工作站创建人——一位热心的退休物理教师和当时工作站的副手——一位同济毕业的物理博士将此教育理念继续发扬，创建了“未来科学家培养计划”系列课程，研发着“科学启蒙 · 探索 · 研究”系列教材，在此对即将出版的这套丛书表示祝贺。

物理学是人类文明和社会发展的基石，它所展现的世界观和方法论，深刻地影响着人们对物质世界的基本认识、人们的思维方式和社会生活。物理学的学习，对于人们树立科学的世界观、增强分析和解决问题的能力、培养探索精神和创新意识等，具有不可替代的作用。同时，物理学发展至今所创建的科学体系又是如此的优美，它所体现的系统性、对称性和多样性等使之精彩纷呈、奥妙无穷，激励着无数有志青少年孜孜学习和探索。

如果将物理学习的过程比作攀登智慧的高峰，则从概念到概念、从公式到公式的传统教学方法，往往会将学生引入一条乏味的登山之路，使学生难以体会攀登的乐趣，产生厌倦和难学的错觉。如果我们稍微关注一下物理学的发展历程，就不难发现物理学是一门起源于实践和探索的科学，物理学家对自然规律的认识过程是一个不断探索、发现、总结、质疑、试错、再探索的过程，并由此获得新知识、掌握新方法、成就新未来。这一过程尽管充满困难和挑战，但每一个新的困难和挑战均意味着又一段新的精彩旅程，可谓风景这边独好。

玩具中有物理，乐器中有物理，生活中有物理。有的现象有趣，有的现象很炫，有的现象神奇。这套丛书就是让同学们感受物理探索和研究的乐趣，并通过与学习同伴的合作和竞争，体验物理魅力，提高物理素养，感悟科学人生，成就未来发展。

教育部高等学校大学物理课程教学指导委员会主任

顾牡

2017 年 10 月于同济大学

前言 Preface

“NEW 物理启蒙　我们的看听触感”是一套小学生朋友一定会喜欢的物理科学探索丛书。书中充满有趣的现象，神奇的科学。它将吸引学生情不自禁地在玩耍中初识物理，研究科学；在潜移默化中接受科学研究的基本训练；在不断克服困难、战胜挫折中体验研究的乐趣。

这套丛书有别于其他科学小实验图书，每一个研究专题都不是仅仅强调知道什么新知识，完成什么新实验，而是要求用自己的感官去感触、体验，进而去思考、探索世界。书中的文字和图片的展现是平面的，但是我们真诚地希望我们的表述能够让学生、老师和家长看到书中描述的生动和多维的世界，并努力引导他们用眼睛、耳朵、鼻子、嘴巴、皮肤和肢体去感受世界的美好和复杂，感受自己探究的力量和合作的伟大，明白交流和争辩的必要，体会一步步感悟的快乐。

丛书主编长期从事青少年科学素质教育及创新意识启迪的研究工作，并有丰富的教育实践经验，因而书中处处彰显引领学生步步深入探索科学的魅力。学生读书的过程就是一个科学研究的过程，就是在一条小小科学家成长的道路上跋山涉水、不断成长的过程。上海市教育评估协会对这套教材所对应的课程组织了评估，肯定了课程设计与建设的科学性和先进性。

丛书共有 4 个分册，分别是《看》《听》《触》《感》，我们建议将丛书作为小学生科学拓展课程或者科学类选修课教材，让小朋友们在耳闻目睹的现象中有所发现，在亲历亲为中明白科学探究是怎么回事。对自己孩子有信心的家长和敢于挑战的小朋友，应该和这套丛书做朋友。

丛书由智勇教育培训有限公司“未来科学家培养计划　科学启蒙·探索·研究系列”编写团队和上海师范大学物理课程与教学论、学科教育（物理）专业的研究生共同编写。参加编写的有邹洁、沈旭晖、严朝俊、曹政、刘晶、王珊珊、李超华、吴喜洋、黄晓栋、段基华、杜应银、赵丹、邹丽萍。书中没有注明出处的图片大部分源自智勇教育、教师同行、亲友和历届学生们的提供，部分为 CC0 协议和 VRF 协议共享版权图，马兴村先生为此书作了手绘画。在此向各位合作者一并表示衷心感谢！

编者

2017 年 9 月

目录 Contents

第2分册

听

导 语

声音太重要了，它可以传授知识、表达情感、传递信号……

当你每天听到各种各样声音的时候，你有没有想过声音到底是什么？“声音”这个词我们似乎都理解，但要你用语言描述时，你能说得清楚吗？

声音是________________________。

风儿吹过，树叶沙沙作响，没有人在旁边听时声音存在吗？

闭上眼睛，人可以分辨声音来自自己的前方还是后方吗？

用手拍一下桌子，你听到“啪”的响声；使大劲按一下桌子，似乎毫无声息。为什么？

声音可以发电吗？

声音具有破坏性，可以摧毁建筑吗？

雷雨天气时先看见闪电，后听见雷声，声音为什么比光“跑”得慢？

什么样的物体可以传声？什么样的物体可以隔音？

____

____

你还能提出更多关于声音的问题吗？

____

____

让我们学学科学家，对声音进行一番研究。我们先来做个热身研究——拍手。

探索 X 世界

研究拍手中的科学

研究目的

研究拍手产生的声音大小与什么因素有关。

研究器材

____

研究步骤

(1) ______________________________。

(2) ______________________________。

(3) ______________________________。

(4) ______________________________。

研究结论

____

____

提示

注意研究中的控制变量。

你一定在想，这个实验描述中有好多空格，怎么都不告诉我实验步骤？我该怎么做实验？请你按照自己的思路动手探索，你会觉得更加有趣。

专题 13

声音从哪里来

请大家闭上眼睛，仔细听一听，你听到了什么？

人类生活在一个充满各种声音的世界里，声音对于我们是如此重要（图 13－1）。果壳网上一位动物声学研究者告诉我们，连鸟叫都有方言[①]，可见连鸟和鸟的声音沟通都可能具有生理遗传、环境影响、情感传递等复杂内涵，更何况我们人类。不过物理学研究声音不是研究声音传达的内容，而是研究声音的产生、传播、接收的条件和特征；研究声音传到一些物体上，会产生哪些影响；研究声音到底有哪些种类、有何特点。

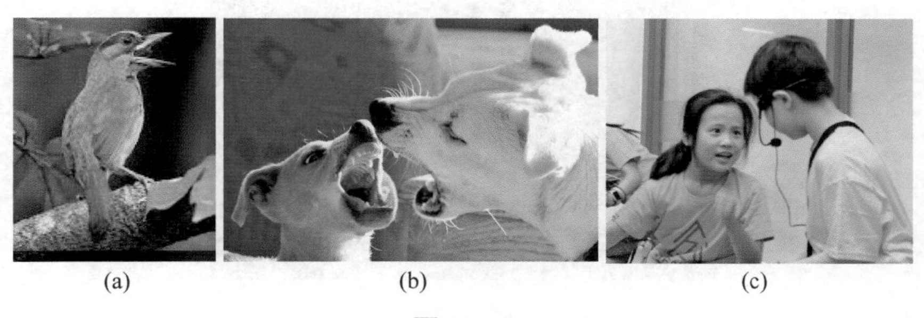
(a) (b) (c)

图 13－1

这个专题我们首先研究声音是怎样产生的。

穿越时空

布莱士·帕斯卡(1623—1662)

图 13－2

帕斯卡与声音的故事

说起声音，我们不得不提及法国著名的数学家、物理学家、哲学家、散文家帕斯卡（图 13－2）。帕斯卡从小就是一个充满好奇心的孩子。有一次，他在厨房玩耍，听到厨师将盘子弄得叮当作响。年

① 参见 http://www.guokr.com/question/499580/? answer=559018#answer559018；这也是图 13－1(a)的来源。

少的帕斯卡对此感到十分好奇，他惊奇地发现，当盘子被勺子敲击之后立刻发出声音，当勺子离开盘子声音仍然连绵不断，但是只要用手一按盘子，声音马上就停止！这是怎么回事？小小的帕斯卡陷入思考。你知道这是为什么吗？

探索 X 世界

像帕斯卡一样做研究

研究目的

研究声音到底是怎么发出的。

研究器材

音叉，水，容器，不锈钢调羹，细线，铃铛。

研究步骤

设计实验，进行研究，观察（包括看、听、触）思考（图 13－3）。

图 13－3

（1）敲击音叉，使音叉发出声音，然后用手轻轻触摸音叉，听着声音感受音叉的变化。

（2）再次敲击音叉，并迅速将叉股插入装有水的容器，观察水的变化。

（3）摇铃铛，听声音，用手抓住铃铛，观察结果。

（4）用细线拴住调羹，敲击调羹，然后……（自己设计实验内容）。

自己设计实验内容时要看看已有的实验步骤，想一想下面的问题：敲音叉和摇铃铛是为了什么？用手触碰叉是为了什么？为了达到相同的目的，接下来的实验步骤里应该对调羹设计什么实验？要用到哪些材料？

（5）____

____。

研究结论

____

____

通过上面的实验不难发现，每一种声音都是由于物体振动[①]产生的。振动的物体一旦停止振动，声音也就停止发出。这些正在发出声音的物体称为声源[②]。

在寂静的夏日里，我们常会听到各种昆虫在树枝上、在草丛中自由“高歌”。很多昆虫没有专门的发声器官，它们是怎么发声的呢？有人说，它们主要是依靠扇动或摩擦翅膀来发出声音的。你相信吗？你有办法证明吗？夏天到了，你可以试着抓只蝉来观察它是怎么“叫”的（图13-4）。

图13-4

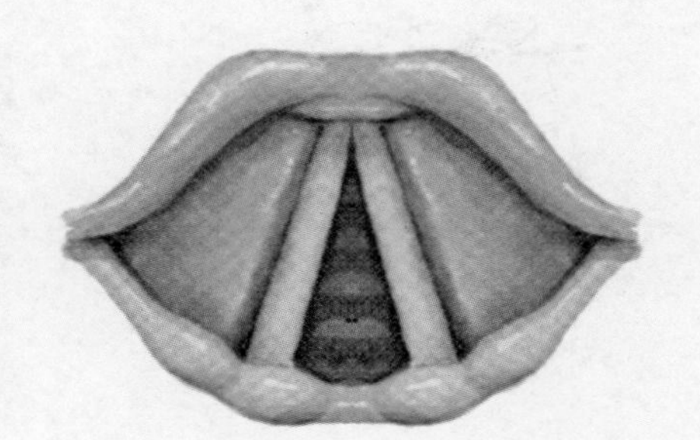
图13-5

人类的发声器官在哪里？请你在自己的身上找一找。声音是由振动产生的，说话的时候喉咙的部位在振动，这是因为人类的发声器官——声带就藏在喉咙里。其实，声带发声的关键是两条声韧带，声韧带中间有一条裂缝，叫做声门或声门裂（图13-5）。喉肌控制声韧带的紧张和松弛，声韧带的变化决定声门裂张开的大小。当我们说话时，喉肌以不同的程度拉紧声韧带，使声门裂不同程度地变得细长，这时，较大的气流经过声门裂，冲击声韧带，引起不同程度的振动，从而发出相应的声音。当我们呼吸时，声门裂处于相对松弛的状态，气流相对缓和，所以人呼吸的时候声音非常小。

① 振动：物体在平衡位置附近的往复运动称为振动。
② 声源：声音是由物体的振动产生的。一切发声的物体都在振动。物理学中把正在发声的物体叫声源。

知识充电站

虽然声音都是由于物体振动而产生的，但是引发振动的方式有很多，下面就来介绍敲击、摩擦、弹拨、空气流动导致的振动、爆炸、撕裂等。

1. 敲击

之前我们学着帕斯卡的样子，用直尺、铅笔轻轻敲打桌子、玻璃杯或其他物体时，你是不是听到各种不同的声音？

你会不会想到，很多乐器是通过敲打发出声音的(图 13-6)？你知道有哪些乐器是经过敲打演奏出美妙的音乐的？

(a)

(b)[①]

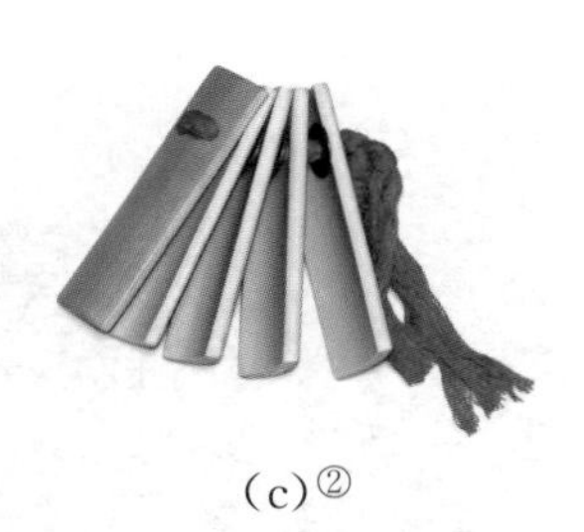
(c)[②]

图 13-6

2. 摩擦

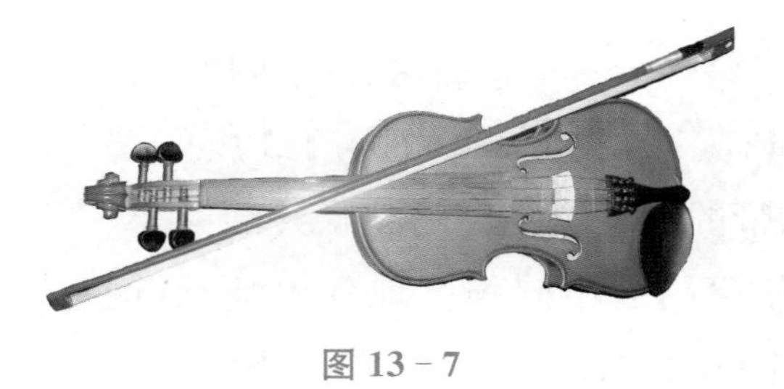
图 13-7

当摩擦双手时，仔细听听看有声音发出吗？用尺子摩擦桌子时，有声音发出吗？利用身边的物品相互摩擦，听听看是否都能发出声音？如果没有声音，又说明什么？

请你想一想，有哪些乐器是通过摩擦的方式演奏出美妙的音乐的(图 13-7)？

3. 弹拨

当你将橡皮筋拉伸开，再试着拨动橡皮筋的中部，你能听到声音吗？

请你想一想，有哪些乐器是通过弹拨演奏出美妙的音乐的(图 13-8)？

---

① 图片来源：长城乐器，“三角铁”，http://www.musicgw.com/product/view.asp? id=4439。

② 图片来源：搜狗百科，“快板”，http://baike.sogou.com/v384972.htm? ch=ch.bk.innerlink。

4. 空气流动导致的振动

每当大风来袭时，我们坐在屋内紧闭门窗，但还是会听到令人害怕的呼呼的风声(图 13-9)。这呼呼的声音是如何产生的？

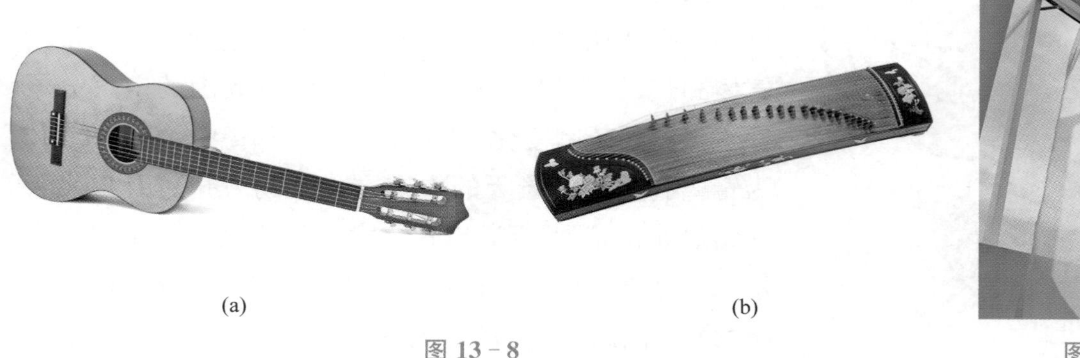

(a)　　(b)

图 13-8

图 13-9

风吹门窗产生的声音比较复杂，我们一起来分析。当空气快速流动时，会因为门窗的阻挡而与门窗产生摩擦，并推动门窗，所以门窗会振动，从而发出声音。同时，由于空气本身会从门窗的缝隙中穿过，也会因为摩擦而发生振动，这种振动叫自激振动①。自激振动会引起空气本身发出声音。

当我们吹口哨时，需要聚拢嘴唇，使得嘴唇形成明显的褶皱，口中吹出的气体会与嘴唇发生摩擦，发生自激振动而发出声音。

我们既然知道空气流动能够产生声音，请你试着吹吹身边的纸片，看看能否吹出声音(图 13-10)。请分析吹纸片有哪几种模式？是什么在响？

图 13-10

5. 爆炸

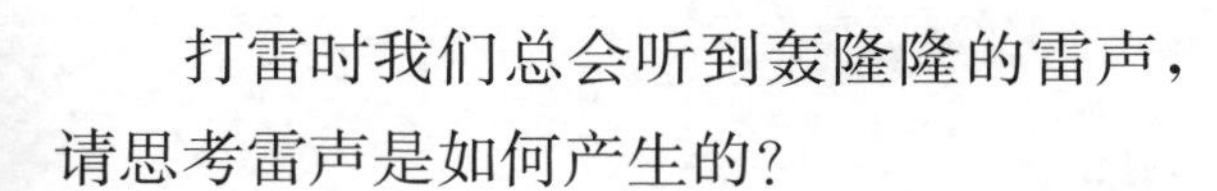

图 13-11

打雷时我们总会听到轰隆隆的雷声，请思考雷声是如何产生的？

打雷是因为在乌云密布的天气里，在不同的云层之间或者在云层和大地之间带有不同电性的电荷。当带有异性电荷的带电体相遇时，可能会产生强烈的火花放电现象。云层间的放电如果强度足够大，就

---

① 自激振动：自激振动产生的情况各种各样，都是系统运动中自己导致的振动。例如，很多快速运动的气体分子向小小的缝隙中挤去的时候，由于摩擦，缝隙里的气体分子不容易挤进；但是当后面气体分子不断涌来，积累增多，压力增大，就把一部分气体分子推进去；于是，后面的气体分子跑进了一部分，压力变小，又一次敌不过摩擦力，于是气体分子又被缝隙卡住；这样缝隙外慢慢又聚集较高密度的气体分子，而缝隙里的气体分子密度变小……

会产生闪电(图 13 - 11)。当闪电横穿天空时,很快地将沿途的空气变热,并迅速膨胀,同时猛烈地向四周冲击,导致周围的空气分子发生强烈的疏密变化,从而使得大气发出声音。

可见,雷电的响声是空气被加热后剧烈膨胀而引起的振动,导致声音产生。这种气体在极短时间内剧烈膨胀的现象称为爆炸。

图 13 - 12

火药是中国古代四大发明之一,点燃时会产生爆炸行为。火药在爆炸的瞬间,由于化学反应会产生大量的气体和热量,高温气体迅速膨胀,使得周围的空气分子发生强烈的疏密变化,从而发出巨大的声响。图 13 - 12 为希望利用火药飞天的中国古代人物万户。万户飞天的结局非常悲烈,但其宏伟之举却给后人留下宝贵的启示。月球上有座环形山被命名为“万户山”,就是纪念这位“第一个试图用火箭做飞行器的人”。

6. 撕裂

请拿出身边的纸张并将其撕开,能听到它发出的声音吗?
身边还有哪些例子是通过撕裂发声的呢?请举例说明。
撕裂产生的声音是由什么振动引起的?

集思小擂台

通过这节课的学习,你是不是收获了很多关于声音来源的知识?
请结合本专题的知识,针对生活中不同的声音现象,指出它们的发声原理(振动方式)。

___

___

仔细想想生活中有哪些有趣的声音现象?
家里的小猫除了喵喵叫,还会发出什么声音?为什么?
开水壶是怎么告诉你水已经烧开了?
……

关于声音,你还有什么想知道的?请记录下来,查阅资料,相互交流。

___

___

专题 14

声音怎样跑向我们的耳朵

你还记得声音是从哪里来的，又是如何产生的吗？

声音来源于振动。

猜想跷跷板

大家对声音如何产生已经有了一定的认识，那么，声音是怎样跑向我们的耳朵？请你用语言表述或者用动作表演声音的传播。

集思小擂台

我们周围的物体有的是固态，有的是液态，有的是气态。声音的传播需要什么状态的媒介物？还是什么媒介物都不需要？下面的热水瓶实验就是有人想研究声音在没有空气时是否能传播。热水瓶为了保温，它的夹层里是抽真空的(图 14－1[①])，可是也有人做了这个实验说效果并不明显。请你试一试或者分析这个实验的设计有没有道理。

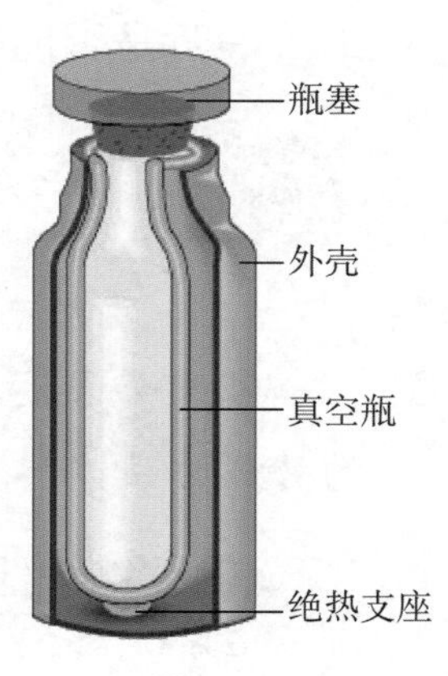

图 14－1

探索 X 世界

探索 1：神秘消失的声音

实验目的

研究声音传播的条件。

① 图片来源：百度百科，"热水瓶"，http://baike.baidu.com/item/%E7%83%AD%E6%B0%B4%E7%93%B6/6421899?fr=aladdin。

实验器材

蜂鸣器，止水夹，多个不漏气的透明塑料袋，水槽，没有破损、密封良好的热水瓶1号，外层瓶胆破损的热水瓶2号。

实验步骤

(1) 打开蜂鸣器的开关，将蜂鸣器用塑料袋包裹好，并用止水夹夹住封口(图14-2(a))。

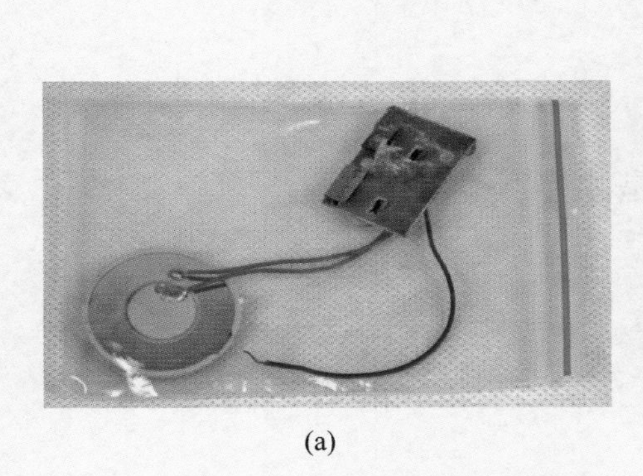
(a)

(b)

图14-2

(2) 将蜂鸣器放入水杯，并在水杯中加入一定量的水(需完全浸没蜂鸣器)，仔细听一听是否能听到声音(图14-2(b))。

家里如果没有热水瓶该怎么办呢？同学们明白了这个实验原理后能想到其他的替代方法吗？说出来跟大家交流一下吧！

(3) 将蜂鸣器放入外层瓶胆破损的热水瓶2号，塞紧瓶塞，仔细听一听是否听到声音？

(4) 将蜂鸣器放入没有破损、密封良好的热水瓶1号，塞紧瓶塞，仔细听一听是否听到声音？

实验结论

声源振动，发出声音。声音可以经过________________传到我们的耳朵，不可以通过________________传到我们的耳朵。

探索2：神奇增大的声音

实验目的

研究声音传播的条件。

实验器材

细线，调羹。

实验步骤

(1) 将一个铁汤匙系在细绳的中央。

(2) 将细绳的两端分别系在左右手的食指上，食指再分别塞住双耳。

(3) 再请另一个同学用另一只铁汤匙敲击细绳上的铁汤匙(图 14 - 3)，能听到有什么不同吗？

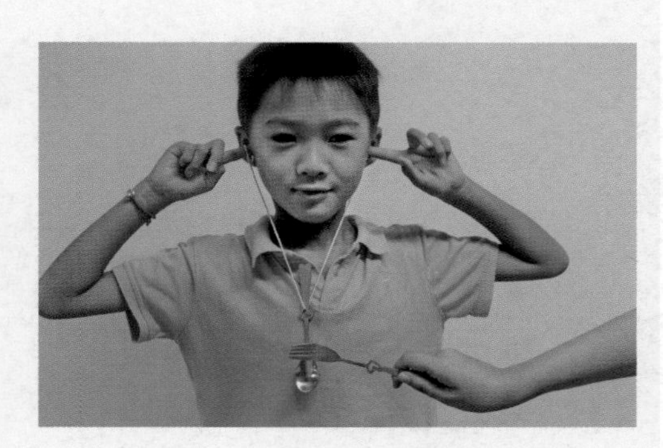
图 14 - 3

实验结论

声源振动，发出声音。声音要能传播到我们的耳朵，可以______________________________。

集思小擂台

经过上面的探究过程，大家已经知道声音可以在气体、液体及固体中传播，而且声音在真空中不传播。请再设计几种实验，证明声音可以在液体及固体中传播。

知识充电站

相信很多同学家里都养了游来游去的金鱼，同学们在观看这些美丽的金鱼时有没有想过这样一个问题：鱼有耳朵吗？它们听得到声音吗？

在相当长的一段时间，人们因为看不到鱼的耳朵，就认为它们什么也听不到。其实并不是这样的，鱼不仅是有耳朵的，而且大多数鱼的听力还很不错。

声音既能在空气中传播，又能在水中传播，而且声音的振动在水中的传播要更容易一些，鱼身处于充满水的环境中，声音的振动通过水直达鱼耳。声音对鱼来说是非常重要的，鱼既能通过声音来趋利避害，又能通过声音来辨别对方。

所以鱼是听得到声音的，这也就是钓鱼的人不敢在岸边大声说话的原因！

如果你的家里养有金鱼，能不能训练一下你家的鱼在听到某种特殊的声音时就能够聚拢吃食？设计一下你的训练方案。

探索 X 世界

会“转弯”的声音 1

实验目的

体验声音在传播的过程中可以转弯。

实验器材

可弯曲的吸管若干，剪刀。

实验步骤

(1) 取一根可弯曲的吸管，将其抻直，试试能不能吹出响声。

(2) 将这根吸管弯曲，再试试能不能吹出声响(图 14－4(a))。

(3) 换一根新的可弯曲吸管，用剪刀剪去 3 厘米，吹出响声。

(4) 再换一根新的可弯曲吸管，用剪刀剪去 6 厘米，吹出响声。

(a)

(b)

图 14－4

(5) 再换一根新的可弯曲吸管，用剪刀剪去 9 厘米，吹出响声(图 14－4(b))。

(6) 比较几次声音的区别。

思考

这个实验能够说明声音会转弯吗？利用这些实验器材，你还打算如何进行实验探索？你希望老师给你什么样的支持？

____

____

实验结论

____

____

会"转弯"的声音 2

实验目的

体验声音在传播的过程中可以转弯。

实验器材

听诊器。

实验步骤

将听诊器软管弯成不同形状,试着去听同学的心跳(图 14-5)。

图 14-5

思考

这个实验能够说明声音会转弯吗?你还有什么疑问吗?

______

______

实验结论

______

______

集思小擂台

通过上面的探究过程,大家仔细思考,相互讨论,声音能转弯吗?声音又是如何转弯的呢?

______

______

知识充电站

声音是一种振动的结果,振动的传播称为波。所以,可将传播着的声音称为声波[①]。声源不同的振动,会产生不同的声波;不同的声波会让我们听到不同的声音。

① 声波:发声体产生的振动在空气或其他物质中的传播。声波借助各种介质向四面八方传播。声波是一种纵波,是弹性介质中传播着的压力振动。声波在固体中传播时,可以同时有纵波和横波。

声波和光波一样，也具有反射的性质。

声波反射回来的声音就是“回声”。当我们在山谷中呼喊时会听到回声，这是由于声波遇到岩壁后被反射回来。在百度上搜索了解“回声”（图 14－6），想想看你听到过回声吗？回声有什么作用呢？

图 14－6

集思小擂台

（1）通过研究，对于“声音怎样跑向我们的耳朵”这个专题，我们可以得出什么结论？

（2）对于这个专题，上述研究和结论是否已经完整？

（3）如果不完整，你还有什么想法？还应该增加哪些研究内容？

你真的知道“声音怎样跑向我们的耳朵”吗？

举一个在生活中听到声音的实例，用画笔把声音传播过程画在纸上。从声音是怎样发出的，到我们听到声音的过程，比比看谁画得更正确、更详细！

专题 15

保护我们的耳朵

通过之前的学习，同学们了解到声音是由于物体振动产生，并通过介质来进行传播的(图 15－1)。

有了声源和声波，我们就能够听到声音吗？我们听到声音是不是还缺少一个重要的东西？对了，耳朵对我们十分重要，没有耳朵，我们就什么也听不到啦！

请大家回忆，声音是怎样传到耳朵的呢？

图 15－1

猜想跷跷板

请大家想象下面的场景：

上课了，老师走进教室，班长叫了一声“起立”。同学们听见后立刻停止其他动作、站了起来。老师说：“同学们好！”同学们整齐地回答：“老师好！”

在以上场景中，耳朵扮演了什么角色？它收集到的信息又是如何传向大脑？声波？光波？电磁波？……你如何证明自己的观点？

让我们先来看一看耳朵的功能。我们看看旁边同学的耳朵，再摸摸自己的耳朵(图15－2)，说说外耳廓为什么长成这样，有什么作用？再说说耳道中有什么，它有什么作用？耳朵的里面是什么，起什么作用？我们的耳朵是声音的接收器，在接收到声音后，要经过几个部分，才能使我们真正听到声音？

图 15－2

耳朵由外耳、中耳和内耳 3 个部分组成。声音经过外耳的耳廓、外耳道，使中耳的鼓膜、听小骨振动，听小骨将振动信号传递给耳蜗，耳蜗能够使机械振动[①]的能量转变为电能,从而通过听觉神经将信息传递给大脑(图 15-3)。

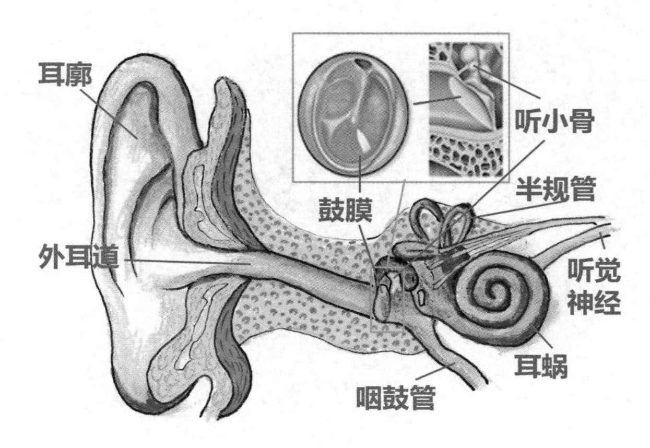

图 15-3

所以,听觉神经向大脑传递的是携带________信息的________信号。

我们通过耳朵听到声音。声音被人感知的流程具体如下:

(下面的步骤被打乱了,请同学们通过之前已有的知识,在横线前填上正确顺序所代表的数字)

________声波穿过耳道到达鼓膜使其振动

________空气中传播的声波经过耳廓进入耳道

________声音传到我们的耳廓

________听小骨随之振动

________这些信号被翻译成我们可以理解的词语、音乐等信息

________耳蜗使振动转换成神经信号传给大脑

探索“X”世界

体验骨传导测试听觉

实验目的

验证骨传导现象的存在。

实验器材

音叉,音叉锤。

实验方法

自己设计实验方法。

① 机械振动:物体在平衡位置附近所做的往复运动,如弹簧的振动。在声源的振动中,声波传输媒介(如空气)的振动也属于机械振动。

声音要怎么通过骨头让自己被“听”到呢？怎么区分你听到的声音是通过什么方式传导的呢？

想想办法，自己设计实验，可以根据自己的需求补充实验器材(图 15－4)。

图 15－4

实验过程

实验结论

实验思考

耳聋有两种：一种是传导性耳聋，一种是神经性耳聋。请以这两种耳聋的名称作为线索，思考它们的产生机制有什么区别？

这两种耳聋都可以通过骨传导的方式检测出来吗？如何进行检测？

实验调研

班上同学的听力都一样吗？

听力差异是如何产生的？它和幼年生活环境有关吗？

如果你有弟弟或妹妹，你如何尽自己的责任，去关心爱护他们的听觉器官？

图 15－5 是一篇关于听力的论文摘要，请阅读并理解文章的意图。

听力学及言语疾病杂志 2004 年第 12 卷第 2 期 83

·临床研究·

随身听装置对青年人听力的影响

彭建华[1△] 黄治物[1] 朱素琴[1] 吴展元[1]

【摘要】 **目的** 探讨使用随身听装置对青年人听力的影响及其早期监测手段。**方法** 对 30 名(60 耳)耳科正常青年人(对照组)及 120 名(240 耳)“随身听”使用者(观察组)进行常频听阈测试(0.5~8 kHz)和扩展高频听阈测试(10~20 kHz)，并对其结果进行统计分析。**结果** 观察组的扩展高频纯音听阈和常频纯音听阈与对照组相比明显升高($P<0.05$)，且随着随身听使用时间的延长($P<0.05$)，有更多的频率点的听阈高于对照组；观察组的扩展高频听阈检出率明显低于对照组；观察组中常频听阈正常者和常频听阈异常者其扩展高频听阈均高于对照组($P<0.05$)。**结论** “随身听”的使用可以对正常青年人的听力造成危害，扩展高频听阈测试可望成为对噪声造成的早期听力损害的一种敏感监测方法。

【关键词】 听力损失； 常频听阈测试； 扩展高频听阈测试

【中图分类号】 R764.43+3 【文献标识码】 A 【文章编号】 1006-7299(2004)02-0083-04

图 15－5

集思小擂台

（1）耳朵是如此重要，我们应该如何保护耳朵？有哪些因素可能危害我们的听觉？如何防范这些危害？

（2）听觉障碍的人会有哪些不便？我们可以为他们做些什么？

____

____

知识充电站

耳语

你知道耳语吗？平常我们说的耳语，就是凑近别人的耳朵轻轻说话。显然，听者是否听得清语义，取决于说话人说得是否清楚、响度是否合适、听者听力是否正常，以及环境干扰是否足够小等。

在声学研究中，耳语是指“声带维持半开位置但不振动，由声门发出的无规则噪声由各共振腔调制的结果”[①]。体会耳语是不是声带不振动说的话？

你猜得出耳语有什么应用和研究价值？

图 15－6 是在中国知网用“耳语”二字检索出来的部分文章。要知道每个检索页面有 20 篇文章，一共列举有 300 页之多。

1	基于联合因子分析的耳语音说话人识别研究	龚呈卉	苏州大学	2014-05-01	博士		365
2	基于因子分析和支持向量机的耳语说话人识别	袁磊	苏州大学	2012-05-01	硕士		132
3	耳语同传实践报告——基于第三届存在主义心理学国际大会的耳语同传实践	李扬	广东外语外贸大学	2015-04-19	硕士		4
4	耳语同声传译中精力分配试探性研究	陈颍	四川外国语大学	2015-04-01	硕士		53
5	学术研讨会耳语传译实践报告——基于"中美职场冲突争端解决机制"研讨会耳语传译的实践	易震宇	广东外语外贸大学	2014-03-26	硕士		41
6	洋泾浜语、克里奥耳语及其语言特点	谢亚军	辽宁医学院学报(社会科学版)	2009-02-15	期刊	2	666

图 15－6

你是否想到耳语是那么值得研究？其实，一切普通人觉得不值得研究的事物，在科研人员眼里都可能找出其研究价值。看到这个检索结果，你就可以知道有多少研究生都在

① 参考文献：董桂官等，基于耳语频谱比较的话者识别方法，《电声技术》，2011 年 4 期。

研究耳语。

我们通过下面的探索游戏，体验耳语识别的难度，想象科研人员是通过什么手段来研究耳语辨人的。

探索“X”世界

探索游戏1：耳语者(Who)

游戏目的

在蒙住眼睛的情况下识别小组同学。

游戏器材

眼罩，纸和笔。

游戏流程

(1) 小组中的一半同学作为被试者，蒙住眼睛；小组其他同学作为测试者。轮流正常说同一句话，被试者辨别每一位的姓名，并摸索着记下序号和姓名。

(2) 对于同样的被试者，小组同学轮流用耳语在每位被试者耳边说同一句话，被试者辨别每一位的姓名，并摸索着记下序号和姓名。

(3) 列出两次辨别的正确率表，比较两次辨别的平均正确率。

(4) 交换测试者和被测试者，重复上面的(1)～(3)步骤。

(5) 列出两次辨别的总正确率表，根据总表比较两次辨别的平均正确率。

别只顾着玩游戏！

在游戏过程中仔细体会同一个人正常说话和耳语的声音差别在哪里，仅仅是声音变小了吗？有哪些因素干扰了你的判断？

探索游戏2：耳语(What)

游戏目的

研究影响普通话中耳语辨别语义难度的因素。

游戏器材

纸和笔。

游戏流程

(1) 小组讨论使用耳语交流时,容易听错的字音是什么样的音,是什么样的声调,是翘舌音还是平舌音,等等。

(2) 根据研究结果,设计一句容易听错的话,将它写在纸上,字向内折起,外面写上自己的组号,交给裁判。

(3) 每个小组抽签,抽到的号码对应同号码小组的纸张。

(4) 参赛小组在教室中间站成一排,第一个人看了纸上的句子后,耳语传给第二个人,依次向后传。

(5) 其他同学可以在座位上偷听,并记下听到的话。

(6) 传话游戏结束后,裁判先问边上有哪位同学听到,交上自己的纸条。

(7) 耳语传话的最后一位同学说出听到的话。

(8) 裁判评判结果。

(9) 如何计分,如何评判名次,自行制定规则。

(10) 各小组交流自己的研究结果。

这个游戏可没有那么简单:什么叫"容易听错的话"?

在正常说话时容易听错的话在耳语时也容易听错吗?反之亦然吗?

专题 16

声音跑得有多快

雷电交加的夏日，我们总是先看到闪电，然后听到雷声。我们知道这是因为光跑得快、声音跑得慢。光在真空中的速度是 299 792 458 米/秒，空气中的光速非常接近这个值，只是比在真空中的稍微慢一点。相比之下，声音真是慢得太多了。

2015 年国际田联钻石联赛尤金站比赛中，中国选手苏炳添以 9 秒 99 的成绩获得男子 100 米第 3 名，成为中国跑得最快的人（图 16－1）。声音跑 100 米需要多少时间呢？其实声音跑 100 米就连 1/3 秒都用不了。哇！声音也挺快啊！

图 16－1

集思小擂台

怎么测量声音的速度呢？

为了解答这个问题，物理学家们可是没少想办法。你能想到什么办法呢？

____

____

探索 X 世界

探索 1：室外测声速实验

实验目的

测量声速。

实验器材

哨子，一对对讲机，配有声音传感器的电脑。

实验原理

光的速度就是电磁波的速度。对讲机以光速传递信号，因而对讲机信号从跑道起点到终点的时间间隔可忽略不计。电脑接收到的分别从对讲机和空气中传来的哨音的时间间隔，可近似看作哨音从跑道的起点到终点的时间，也就是声音在空气中传播的时间。

在电脑上用处理软件打开录音文件，分析录音数据，可以得到声音在空气中传播的时间间隔 t，利用公式

$$v = S/t$$

求出声音在百米距离传播的时间。上式中，S 为声音传播的路程，v 为声音的传播速度。

实验步骤

参考下面的实验步骤，考虑实验方案，设计数据记录表，并把它画在“数据处理”栏下。

在操场跑道上确定好100米的距离(为什么选100米?)。

将对讲机分别放置在100米跑道两端。请一位同学在100米跑道起点准备吹一下哨子，终点的同学操控配有声音传感器的电脑。

一端同学将声音传感器紧靠在对讲机处，并开始录音，同时向另一端拿哨子的同学示意吹哨。

起点同学对着对讲机吹一声哨子。

操控电脑的同学接收到分别从对讲机和空气中传来的信号后，保存录下的结果。

为什么要重复测量求平均值？这是个很重要的实验思想，想一想，在自己设计实验时也许用得上！

(1) 记录时间间隔 t_1。

(2) 重复实验5次，共记录下 t_1，t_2，t_3，t_4，t_5 这5个时间间隔，并求出平均值。

(3) 计算声速 v。

数据处理

反思与总结

上面的实验仅仅是给同学们测得声速的一种思路。请同学们想一想，还有没有其他方法可以测出声速？

____

____

探索2：回声测声速实验

预备知识

人耳能够分辨出两个声音的间隔时间至少约为0.1秒。请自行设计实验。如果用回声测声速，回声如何实现呢？

实验器材

____

实验步骤

____

____

数据处理

知识充电站

超音速飞机

什么是超音速飞机？超音速飞机是指飞行速度超过音速的飞机。音速是指声音在空气中传播的速度。

在航空上，通常用马赫(M)来表示音速，$M=1$即为音速的1倍；$M=2$即为音速的2倍。对于飞机而言，

低速飞行区的马赫数为　　　0.4；

亚音速飞行区的马赫数为　0.4～0.75；
跨音速飞行区的马赫数为　0.75～1.2；
超音速飞行区的马赫数为　1.20～5.0；
高超音速飞行区的马赫数为　5.0 以上。

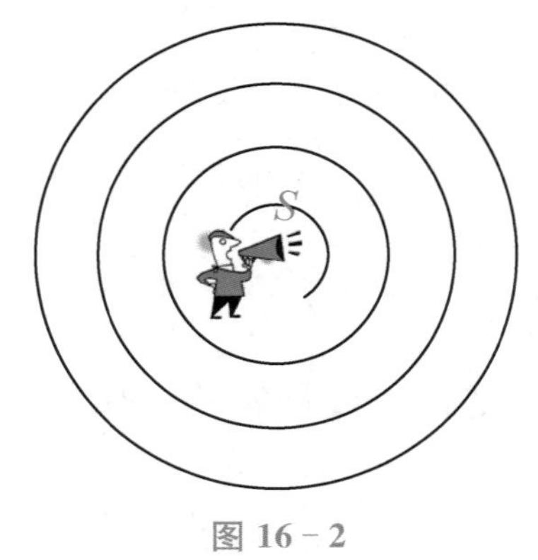

图 16－2

今天高超音速飞机已经成为研究热点，你恐怕很难想到超音速飞机的诞生会曾相当艰难。

当声源不动时，携带振动能量的声波向四面八方扩散，随着时间推移，成为同心相套的球面波(图 16－2)。空气中向外扩散的声波能量对声源并不构成威胁。

但是，飞机一动，情况就不同了。随着飞机的运动，飞机发动机轰鸣声产生的声波，其圆心在不断前移，于是，飞机前进方向上的能量更为密集(图 16－3)。不过在亚音速区飞行的飞机，还追不上前方的声波，所以危险不大。如果飞机进入跨音速区，飞机来不及避让前方的高能量空气团，将会面临很大的冲击力。一旦飞机达到音速，飞机和层层叠叠的高温高压气体“搅成一团”，飞机似乎在撞击一座难以逾越的墙，这一现象被称为“音障”。

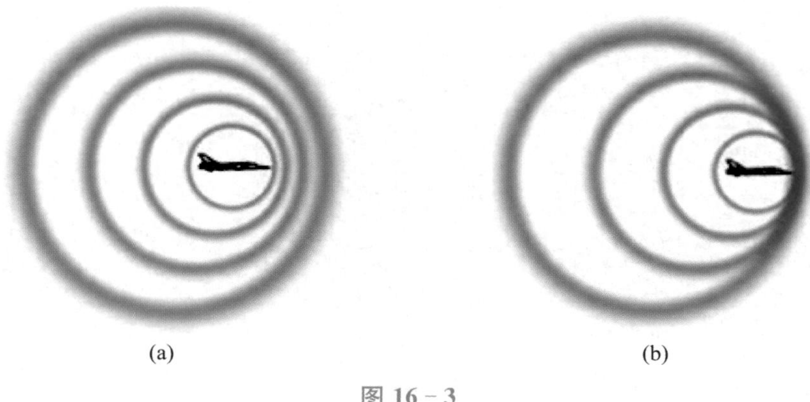

图 16－3

第二次世界大战期间，一些活塞式战斗机在加速俯冲速度达到 $M=0.9$ 时，就曾强烈感受到音障，并有飞机因此而失事。当喷气式飞机出现后，飞机速度大幅度提高，能否突破音障成为航空界关注的一大焦点。

英国首先开始对超音速飞机进行研究。研究期间，有人在驾驶其他飞机接近音速时失事遇难，于是超音速飞行研究计划被终止。1947 年 10 月 14 日，空军上尉查尔斯·耶格驾驶 X－1 在 12 800 米的高空飞行速度达到 1 078 千米/小时(即 1.1 马赫)，人类首次突破了音障。

人类制造的现代超音速飞机的技术发展到什么程度？请同学们先思考后再查阅资料进行交流。突破音障到底需要采取哪些措施？飞机形状？飞机动力？飞机材料和结构强度？请考虑后说说你的看法。

在网上搜索“音障”的图片，你会看到类似于图 16－4[①] 这样的图。围绕飞机的白色云朵般的气团是音障吗？音障是一种现象，本身肉眼看不见。那么，这个白色云团到底是什么呢？原来，飞机在穿越音障时，必须加大马力快速飞过，形成激波，传到地面，可以听到类似爆炸的声音，称为音爆。激波后面压力骤然降低，导致温度降低，水汽凝成水珠，形成音爆云。

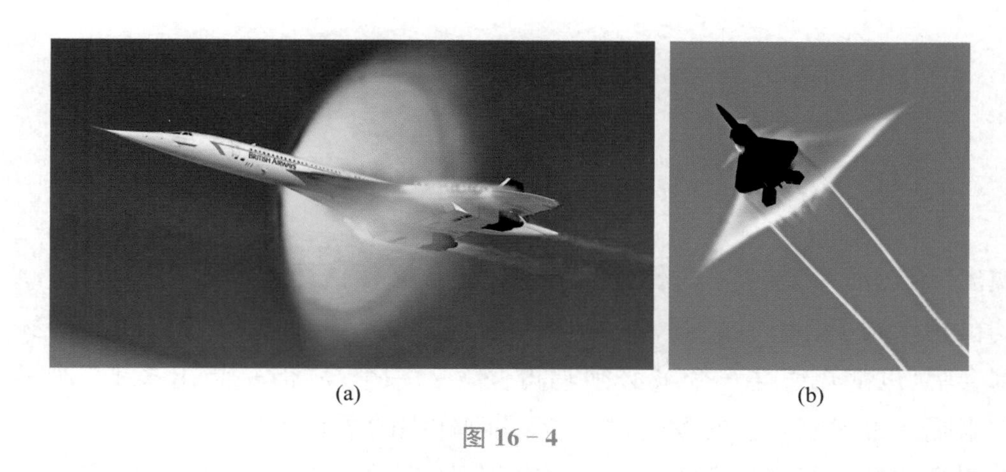

(a)　　　　(b)

图 16－4

关于超音速飞机，大家还有什么疑问吗？

① 图片来源：http://tech.cnr.cn/techgd/201311/t20131128_514255730.shtml。

专题 17

唱歌请注意音调

在说出“调(diào)”这个字时你的第一感觉是什么？估计大多数人脑海里出现的都是满满的韵律感。调子、曲调、腔调、音调……，它们都和音乐有关。“哆、来、咪、发、嗦、啦、西”，谁都会唱，也都知道这 7 个音必须唱得一个比一个高，但是高出多少？唱得是否精准？请你来唱一首大家熟悉的歌曲，让大家评判你唱的所有音准不准。

什么叫音调？音调是声音的高低。这个声音的高低与声音的大小可是两个不同的概念，千万不要混淆。为了说明你能够正确理解声音的高低与声音的大小的区别，请按照以下要求，连续唱一唱“啊”这个字。其他同学也请注意听，将唱错的音的编号记录下来。

(1)“啊”——高音并大声；

(2)“啊”——低音并大声；

(3)“啊”——更低音并大声；

(4)“啊”——高音并小声；

(5)“啊”——低音并小声；

(6)“啊”——更低音并小声；

(7)“啊”——低音并大声；

(8)“啊”——更低音并小声；

(9)“啊”——更低音并大声。

我们知道了什么是音调，接下来想研究的是不是“高音和低音是怎么从人的喉咙发出来的”这个问题？回答这个问题，说简单可以简单，就是控制声带；说复杂可以很复杂，优秀歌唱家练嗓、唱歌的那些技巧不靠刻苦练习是很难掌握的。优秀的声乐研究者应该也属于科学家的范畴。

猜想跷跷板

男高音、男中音和男低音的音高不同，女高音、女中音和女低音的音高不同，男人和女人说话的音高也普遍有差异。这些不同，仅仅是依靠控制声带吗？

说出你的猜想，并说明理由。

____

____

知识充电站

正常的成年男性和女性喉部存在生理差异。男性的声带又长又厚，女性的声带又短又细(表 17－1①)。

表 17－1

	声带全长/毫米	声带厚度/毫米	声韧带长/毫米
成年男性	23.8	21	15.9
成年女性	19.2	19	12.8

音调跟发声体振动频率有关。物体在单位时间内振动的次数就是频率，物体振动越快，意味着频率越高。频率越高，音调越高；频率越低，音调越低。女性发出的声音音调比较高，说明声带振动得比较快。

原来男性和女性声带的生理差别决定了他们发声频率的普遍差别。

在物理学中，振动的频率的单位是赫兹(Hz)。如果每秒钟振动 1 次，那么频率就是 1 赫兹。人类的耳朵只能分辨频率 20～20 000 赫兹的声音。

我们用乐器演奏音乐，就需要乐器能发出各种音调。如何做到这一点，不同的乐器使用不同的技术。但是有一个基本原则，就是要想办法让声源能够改变频率。

乐器分为很多种，有弹拨乐器(如吉他、古筝等)、吹管乐器(如笛子、箫等)。每一种乐器都可以独立发出各种音调。吉他有 6 根弦，二胡有两根弦……在广西等地有一种名为“睹演旦匏”的乐器，它只有一根弦，却能弹奏出千变万化的音律(图 17－1②)。

图 17－1

一根弦怎么演奏出不同的音调？同学们可以找找“睹演旦匏”的演奏视频，然后自己试着把它的演奏原理写下来与同学们交流。

---

① 参考文献：王素品等，男女嗓音源特性的比较研究，《声学学报》，1999 年 3 期。

② 图片来源：互动百科，“独弦琴”，http://tupian.baike.com/a3_03_81_20300000044935130961813650258_jpg.html?prd=so_tupian。

探索 X 世界

图 17－2 是别人做的橡皮筋拨弦琴，你也来挑战一下吧！

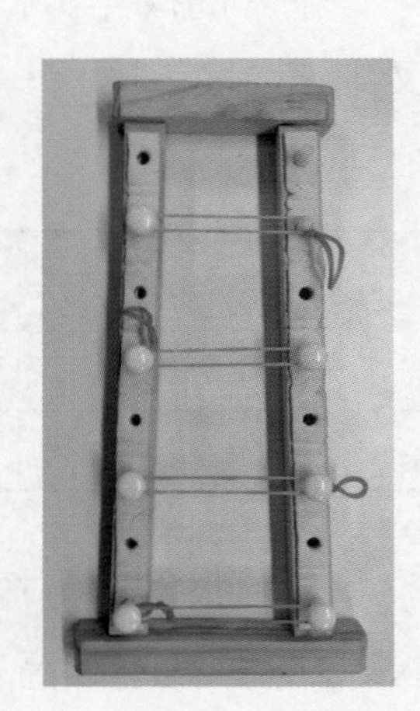

图 17－2

奇妙的 N 弦琴

研究目的

研究影响橡皮筋“拨弦乐”音调高低的因素；尝试一次发明创造。

研究器材

参考方案：4 根长度不同、粗细相同的橡皮筋，一根黑皮筋（或其他不同的皮筋）；10 个螺丝，一个纸盒。

自己方案：自行设计方案，随便做几根弦的乐器都可以。但是在做之前要完成以下步骤：

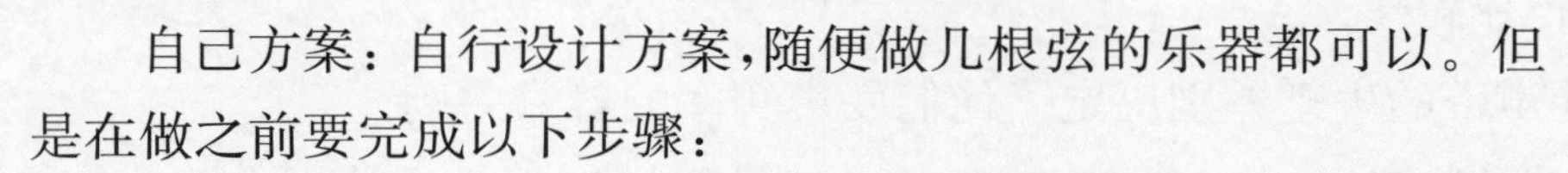

（1）仔细观察各种弦乐器，总结它们相同的元素，这些元素要在你的乐器中有所体现。

（2）选择做乐器的各种材料，如果某一部件有多种备用材料，在选择一种后，其他的材料不要随便丢掉，要知道也许原来选择的材料效果不满意，需要更换。

（3）猜想弦振动频率的高低可能与哪些因素有关，你的乐器是怎样控制这些因素，从而能发出不同高低的声音。

下面介绍乐器制作的参考方案。

（1）拉长 5 根皮筋，并用螺丝固定在纸盒边缘。可以参考图 17－2 的方式。

（2）按照橡皮筋的松紧程度在纸盒上标出琴弦的编号，分别为 1，2，3，4 号，黑皮筋为 5 号。分别弹拨 1，2，3，4 号琴弦，体会声音的不同之处，并观察琴弦的振动情况。

（3）弹拨 5 号琴弦，与其他 4 根琴弦相比，5 号琴弦的声音有什么特点？为什么？

（4）弹拨琴弦时，用手按在一根弦的不同位置，体会声音有什么变化？为什么？

看了以上的介绍，你对自己要发明的乐器有想法了吗？你能够自己动手做出来吗？秀一秀你的 N 弦琴，谈一谈你的研究发现。

研究结论

通过制作和研究橡皮筋 N 弦琴，结论如下：

（1）影响弦振动频率的因素是________________________________。

（2）研究中应该注意的地方是________________________________。

猜想跷跷板

通过上面的实验我们已经了解，弦乐器声音的多样性来自弦的振动情况的多样性。除了弦乐类乐器还有管乐器，你知道吹管类乐器的声音是如何变化的吗？找到一根管子，试着吹一吹。想一想在吹管类乐器中，又是什么因素在振动发声？

与弦乐的发声原因作类比，写下你的猜想：

____

____

探索 X 世界

自制“吸管排笛”

研究目的

研究影响吸管排笛音调高低的因素。

研究器材

吸管，胶带，尺子，剪刀。

研究步骤

（1）用尺子在吸管上量出 2 厘米的长度，用剪刀剪下来。拿起来吹一吹，手指有什么感觉？你听到了什么？

（2）将其他吸管分别剪成 4，6，8，10，12 厘米的长度。吹一吹这些吸管，发现不同长度的吸管吹起来有什么不同？这可能是什么原因？

（3）将吸管按照长短顺序排列，吹口部分在同一条直线上，将 6 根吸管用胶带黏好固定。成品如图 17－3 所示。

试着按从左到右的顺序吹一吹吸管排面，你发现有什么现象？分析管乐器的音调可能与哪些因素有关？

图 17－3

这里用到的吸管是直吸管还是弯吸管？它们都能达到实验效果吗？还是有什么区别呢？这个问题就交给愿意思考和实验的同学们自己研究啦！

研究结论

____

____

集思小擂台

如果要吹奏 8 个音阶，需要把吸管分别剪成多长呢？

____

____

专题 18

公共场合说话请注意响度

通过专题 17 的学习，我们知道可以通过音调的不同来区分声音。声音脆若银铃和低沉浑厚相比，前者音调高，后者音调低。除了音调之外，你还知道声音有哪些特性吗？看一看图 18－1，或许你会受到启发。

图 18－1

运动会上敲鼓助威的声音震耳欲聋，公众场合同学之间说悄悄话时却声若蚊蝇。同学们想一想，在生活中都有哪些关于声音有时必须大、有时却必须小的实例？

声音的大小或者强弱是声音的另一个重要特征，我们把声音的大小或者强弱叫做响度。所以说，“在公共场合不要大声说话”，可以准确地说成“在公共场合说话响度要低”。

探索 X 世界

测测身边的响度

实验器材

分贝仪。

(1) 查看说明书，学习使用分贝仪(图 18－2)。

实验步骤

(2) 用分贝仪先测测自己声音的大小，再邀请爸爸妈妈和小朋友们，测测他们的说话声音大小，比比看谁说话的声音比较大。用分贝仪测出的数据与你平时感觉到的一样吗？

(3) 留心观察不同场景下声音的大小，哪些声音让你觉得愉悦，哪些声音会让你觉得不舒服？这些声音都有什么特点？

图 18－2

这些声音好听，它们的特点是____。

这些声音不好听，它们的特点是____。

猜想跷跷板

我们都知道声音是由物体的振动产生的。声源的振动频率决定声音的音调，频率高，音调就高。那么，声音的响度与物体的振动之间又是什么关系呢？

探索 X 世界

跟随音乐跳舞的小球

实验器材

聚苯乙烯泡沫塑料小球，小音箱(扬声器)。

实验步骤

(1) 将音响竖直放置，保持扬声器向上。

(2) 将准备好的一份泡沫小球倒在音响扬声器的凹槽中。

(3) 将音响连接在电脑上，播放一首慷慨激昂的音乐，观察白色小球发生了怎样的变化，分析变化发生的原因(图 18－3)。

(4) 在电脑上调节音乐的音量，将音量逐渐变大或逐渐变小。仔细观察在音量变化的过程中，小球发生了怎样的变化，把观察结果记录在下面。想一想小球发生变化的原因。

图 18－3

实验观察

声音越响，音响振动得越________，小球跳得越________；声音越轻，音响振动得越________，小球跳得越________。

实验结论

音响振动的________越大，声音越大，小球跳得越高，这个现象可以推出：声源振动的________越大，响度越大。

声源振动的幅度称为振幅。振幅越大，响度越大。

声源周围声波的振幅具有什么规律呢？

____

____

“渐行渐远”的声音

实验器材

手机一个。

实验步骤

将手机音乐的音量调至小档位，并且保持音量不变。

向远离手机的方向慢慢走去，在逐渐远离手机的过程中，仔细听一听手机的声音会有什么样的变化。

想一想为什么会有这样的变化，分析变化产生的原因。

实验观察

距离手机越远，声音越________。

实验结论

距离声源越远，声音的响度越小。也就是说，距离声源越近，声波的振幅也越________，所以，听到的声音响度也越________；距离声源越远，声波的振幅也越________，所以，听到的声音响度也越________。

集思小擂台

声源振动越大，响度越大；距声源距离越近，响度越大。这样的结论分别只从一个实验推断出来，结论不一定正确。同学们可以用哪些事实来证明这个结论是正确的，还是错误的？

____

____

知识充电站

图 18－4

我们可以联想古人在冬天取暖（图 18－4）时会有这样的感觉：当离火距离一定时，火焰越旺，会感到越暖和，这是因为接收到热这种能量越多。当火焰稳定时，离火越远就越感到不太暖和。这是为什么呢？是因为热量向四周传播，能量分散了导致人体接收到的能量也少了。

其实声音的传播也是能量的传播。我们听到的声音的响度取决于人耳接收到的声波的能量大小。所以，距离声源越远，声波分布的范围越广，能量就越分散，声波的振幅会减小，我们听到的声音响度也就越小。

专题 19

每个人都有自己独一无二的音色

猜想跷跷板

“小兔子乖乖，把门开开，快点开开，我要进来。”

“不开不开我不开，妈妈没回来，谁来也不开……”

门外传来要兔宝宝们开门的歌声，可是小兔子为什么不给这个“妈妈”开门呢？小兔子为什么说妈妈没有回来呢？

“小兔子乖乖，把门开开，快点开开，我要进来。”

“就开就开我就开，妈妈回来了，快点把门开……”

为什么这一次小兔子给她的妈妈开门了呢？这两次“妈妈”的声音有什么不同的地方吗？

如果同学们觉得体会不够直观，可以回家请爸爸妈妈做个实验。如果妈妈模仿爸爸的声调说话，你是否可以听出来？为什么你能听出来？

《小兔乖乖》(图 19－1[①])这个故事中，聪明的小兔子为什么不用看，只靠听声音就能够分辨出门外的哪一个是大灰狼，哪一个是真正的兔妈妈？为什么？

想一想，把你的想法写下来：

图 19－1

① 参考文献：保冬妮，《小兔乖乖把门开开》，重庆：重庆出版社，2012 年。

狼的声音：____

____。

兔的声音：____

____。

狼和兔子是两种不同的动物，我们用耳朵就可以分辨出这两种不同的声音。不同的动物发出的叫声也各不相同。

请同学们想一想，如果这只大灰狼是个伪装高手，它能不能装出像兔妈妈一样的声音？为什么？

如果是同一种动物，它们发出的声音是相同的，还是不同的？

如果你有兴趣，可以在小区里或者社区内做个调查。

探索 X 世界

动物大调查之听听你的声音

找不同品种的几条狗，或同一品种的几条狗，分别听听它们的叫声，比较相互之间是否有区别。

研究工具

____

研究方法

____

____

研究结论

通过上面的例子，我们知道不同品种的狗发出的声音是________的；同一品种的狗，它们发出的声音是__________________。

研究推测

不同动物发出的声音是________的；

同一种动物，每一个个体发出的声音是____________________。

其实，我们人类的声音也是各不相同。

同样一首歌曲分别由两位同学来演唱，即使他们尽量用同样大小的声音唱出同样的音调，我们依然能够分辨出是谁唱的，这就是因为每个人的声音都是不同的。

探索X世界

听声识人

研究目的

同学们能只通过声音来分辨一个人吗？看看哪位同学能够发现问题，或者想到可能存在的规律。

研究步骤

(1) 请一位同学蒙上眼睛站在一边。

(2) 请几位同学分别对蒙着眼睛的这位同学说相同的一句话，请蒙着眼睛的同学仔细辨认，并记录辨认的情况(图19－2)。

图19－2

(3) 再请上述几位同学改变腔调，再对蒙着眼睛的这位同学说相同的一句话，请蒙着眼睛的同学仔细辨认，并记录辨认的情况。

(4) 请蒙着眼睛的同学谈谈自己的体会。

(5) 参与游戏的同学相互交换，重复游戏若干次。

(6) 总结大家的发现。

研究结果

除了人和动物的声音，各种乐器的声音也是不同的。乐器是由什么材质制成，乐器的演奏方式是吹、拉或弹，都会影响乐器的音色。当使用不同乐器演奏同一首乐曲时，大家还可以分辨出其中不同的声音。

知识充电站

声音有一个特殊的属性——音色，由于各种声音的音色不同，我们就能够清晰地辨别它们。

音调、响度、音色构成声音的三要素。

猜想跷跷板

现在告诉大家两个物理概念：声波的频率和声波的振幅。

声源的频率，决定媒介中声波的频率，声波的频率决定声音的音调。

声源的振幅、距声源的距离，以及传输声波的媒介，都是影响声波振幅的因素；声波的振幅决定声音的响度。

那么，声音的音色由声波的什么因素决定呢？它和声源又是什么关系？还可能和什么因素有关吗？

____

____

将猜想的结果与同学们交流。

____

____

探索X世界

研究音色在声波波形上的体现

研究目的

观察不同的人唱同一句歌时的波形，大家对音色会有哪些发现。

研究器材

装有声音处理软件的计算机。

研究步骤

(1) 请一位同学上台来唱一句歌，并用手机记录他的声音、显示声音的波形(图19－3)。

图19－3

(2) 再请一位同学上台,演唱同样一句歌,也用手机记录。

(3) 多找几位同学上台,也唱同样一句歌,用手机记录他们的声音。

(4) 比较记录的波形,分析其中的奥妙。

研究结果

声音的音色,体现在声波的________________上。

知识充电站

每个人都有自己独一无二的音色,因此,声音就像指纹和虹膜一样,可以作为人的身份的标记。用声音识别人的技术,称为声纹技术。声纹识别,需要用电声学仪器显示语言的声波频谱、分析其特征。

现代科学研究表明,声纹不仅具有特定性,而且具有相对稳定性。成年人的声音稳定性很强,无论怎样装腔作势或窃窃私语,声纹是不会改变的。声纹的深入研究已受到科学家的关注。声纹鉴定已越来越多地成为辨认犯罪嫌疑人的重要手段。

穿越时空

蒙娜丽莎开口说话啦,你相信吗?

2006 年新华网报道[①],日本有专家指出,人类的嗓音图谱是“独一无二”的。可以根据蒙娜丽莎画像(图 19 - 4)中头部和面部外形、尺寸比例等特征,分析出该人所对应的头骨、鼻腔、声道等发声器官的个人特性,从而模拟出该人说话。

谈谈你对这一技术可能性和应用前景的看法。

图 19 - 4

① 来源:http://news.xinhuanet.com/video/2006-06/01/content_4631789.htm。

专题 20

声音真好看

声波在水、空气和铁、塑料、玻璃等里面都能传播。通过之前的学习我们知道，声音在真空中并不能传播。可是这个事实一直到 19 世纪才真正被弄明白。

知识充电站

声源周围如果有可以传播声波的媒介物，声源的振动状态就会以机械波的形式在媒介中传播。声波的频率和声源的频率相同。除了频率外，声波还有两个重要的概念就是振幅和波形。

声波的波形就是声波的形状。即使几种声波的频率相同、振幅相同，只要波形不同，我们的耳朵听起来就是不同的声音。声音的三要素为音调、响度和音色，分别对应着频率、振幅和波形。

既然声音以波的形式传播，科学家就想办法让我们能够用示波器、电脑和手机(图 20－1[①])等接收声波信号，这样不但能看到声波是什么样子，还能够更好地分析研究声音。

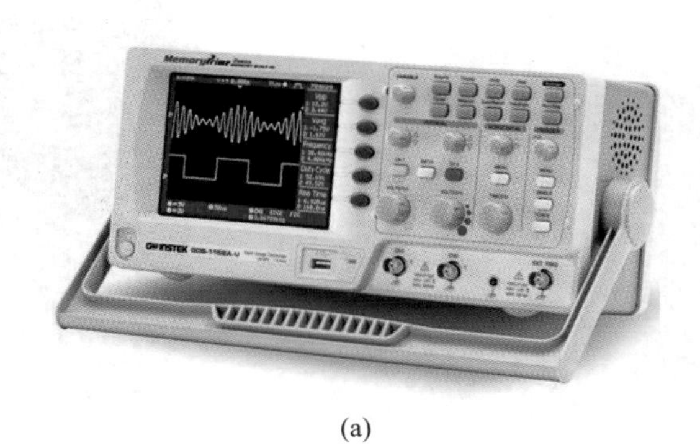

(a)

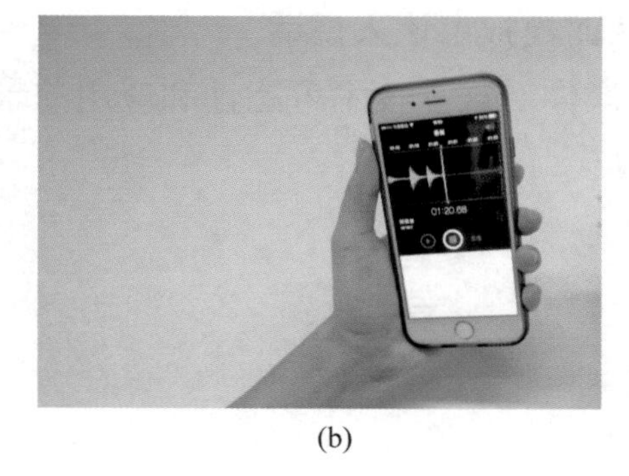

(b)

图 20－1

① 图片来源：慧聪网，“示波器”，http://b2b.hc 360.com/supply self/8037 3302 937.html。

探索X世界

观察相同音调下的音色差别

实验目的

通过观察相同音调下的音色差别，体会音调其实是振动的基频。音色是基频振动上叠加的小振动，称为泛音。

实验器材

计算机声音传感器和计算机声音录音处理软件，不同音叉，不同乐器。

实验步骤

(1) 录下音叉发出的音，观察并描述波形。

(2) 分别录下若干人模仿音叉发出的同音调的音，观察并描述波形。

(3) 每次换一个音叉，重复步骤(1)和(2)。

(4) 录下一种乐器的一个音。

(5) 分别录下若干人模仿乐器发出的同音调的音，观察并描述波形。

(6) 每次换一种乐器，重复步骤(4)和(5)。

实验结论

____

____

探索X世界

给声音"化妆"

实验目的

通过语言的各种变声，了解计算机具有对声波的处理能力。

实验器材

安装有可变化声音软件的计算机或变声功能手机 APP。

实验方式

录下说的一句话，并把它变化成各种模式。试听并分析每种模式是改变了什么才能得到这种结果。

列出数据表格，做好实验设计及记录。养成良好的实验习惯很重要！

探索 X 世界

“过滤”声音

实验目的

通过过滤背景声的实验，了解计算机具有对声波的处理能力。

实验器材

计算机(安装有可去除背景声的声音处理软件)，带有录音功能的智能手机或录音笔(也可直接用电脑话筒录音)，制造背景噪音的塑料袋或其他物件。

实验步骤

(1) 一位同学用手搓动塑料袋制造噪声，打开录音设备开始录制噪声(图 20－2)。

(2) 一位同学在噪音下说一句话，录音。

(3) 将录制好的这两段录音文件导入电脑，用声处理软件降噪。

(4) 对比降噪前后的声音和波形图。

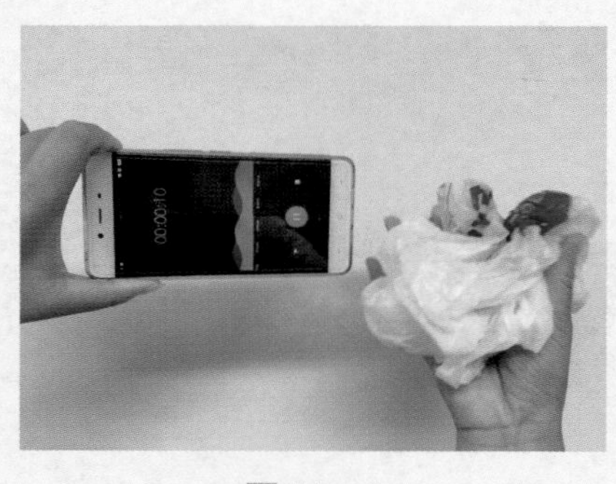

图 20－2

实验发现

____

____

猜想跷跷板

我们可以选择用不同的方式记录声音，例如，用乐谱记录旋律，用唱片记录歌声，用录音机记录欢笑……除了这些，同学们还可以怎样记录声音？把你的想法写在下面。

____

____

试着创造一种属于自己的声音记录方式。

知识充电站

经典音乐的旋律能够流传至今，乐谱功不可没。乐谱是一种用符号来记录音乐的方法，随着时间的推移，乐谱的记录方式也在变化和发展。地域差异、文化差异等因素，也会导致各地的记谱方式有所不同。

乐谱的分类包括简谱、古谱、五线谱、点字谱、工尺谱等。

（1）简谱大家都很熟悉。因为它简单、好记、好学，在我国普及度非常高。在数字简谱中，用“1，2，3，4，5，6，7”分别表示“do，re，mi，fa，sol，la，si”，“0”表示休止（图 20－3）。数字简谱的雏形初见于 16 世纪的欧洲。在 19 世纪末，简谱经日本传入中国。

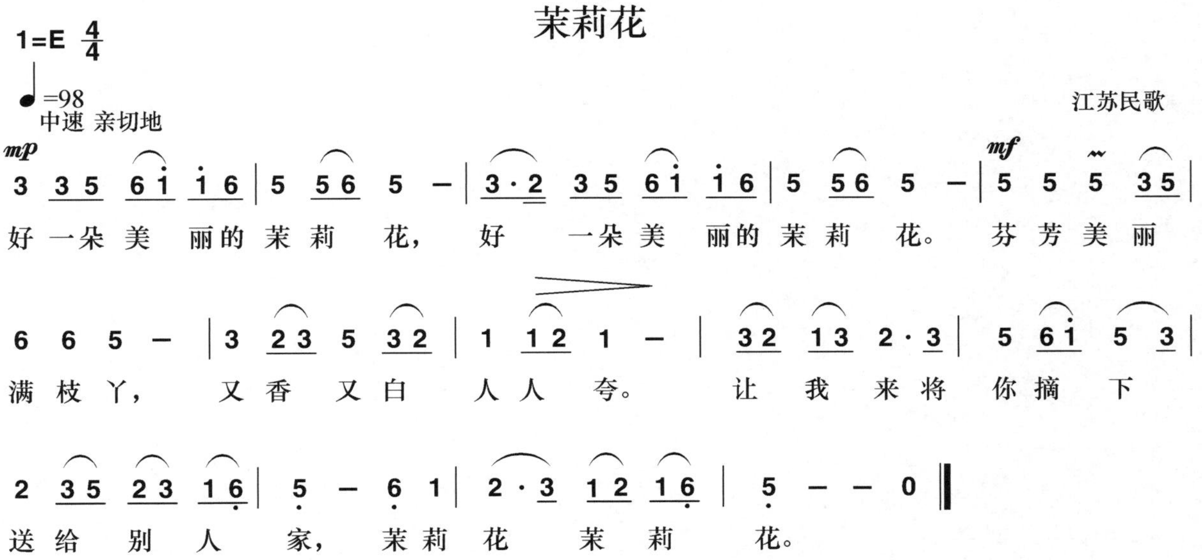

茉莉花

1=E 4/4

♩=98
中速 亲切地

江苏民歌

mp
3 35 61 16 | 5 56 5 – | 3·2 35 61 16 | 5 56 5 – | mf 5 5 5 35 |
好 一朵 美 丽的 茉 莉 花， 好 一朵 美 丽的 茉 莉 花。 芬 芳 美 丽

6 6 5 – | 3 23 5 32 | 1 12 1 – | 32 13 2·3 | 5 61 5 3 |
满 枝 丫， 又 香 又 白 人 人 夸。 让 我 来 将 你 摘 下

2 35 23 16 | 5 – 6 1 | 2·3 12 16 | 5 – – 0 ‖
送 给 别 人 家， 茉 莉 花 茉 莉 花。

图 20－3

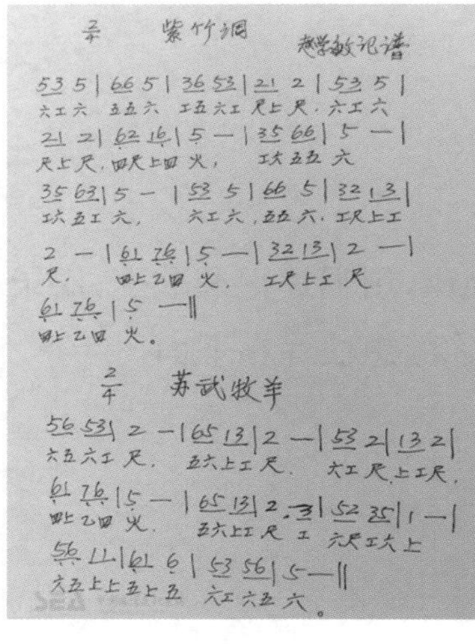

图 20－4

（2）我国古代谱曲是用“宫、商、角(jué)、徵(zhǐ)、羽”五音，这五音分别对应简谱中的“1，2，3，5，6”。

（3）五线谱是全世界通用的一种记谱方法。与简谱相比，五线谱的适用范围更广，曲谱上能够表达的音调更加形象和精确，所以被音乐界普遍推崇和使用。

（4）点字谱专供盲人使用，记录时需要使用写盲文的工具。它像盲文一样可以通过手的触觉读出音符。

（5）图 20－4① 所示的工尺谱是我国汉族的一种传统记谱法，源自唐朝。一般用“合、四、一、上、尺、工、凡、六、五、乙”等字样表示音高“sol，la，si，do，re，mi，fa，sol，la，si”。

集思小擂台

事实上记录声音的方式非常多，请大家搜集资料记录下来，或者自己发明一种新的记录方式。

① 图片来源：人文网，“工尺谱”，http://www.renwen.com/wiki/%E5%B7%A5%E5%B0%BA%E8%B0%B1。

专题 21

令人讨厌的噪声

前面的学习让我们了解声音的许多特点，也知道声音在人类社会中扮演着重要的角色。如果世界缺少了声音，那将是多么可怕的一件事情。

图 21－1(a)

可是，你是否思考过，声音对我们生活的影响全部都是有利的吗(图 21－1(a)[①])？你是否遇到过令人烦躁的声音呢(图 21－1(b))？只有刺耳难听的声音才会给我们带来困扰吗？你认为什么样的声音是噪声？

图 21－1(b)

集思小擂台

你对噪声的定义：____

____。

查到的噪声定义：____

① 图片来源：央视网，“中国国家交响乐团简介”，http://ent.cntv.cn/2014/06/20/ARTI1403246266419116.shtml。

____。

哪个定义更合理？理由是什么？

____

____

猜想跷跷板

噪声给我们的生活带来很多麻烦。想一想有噪声的各种场景(图21-2),有哪些办法可以减小噪声?

图 21-2

讨论结果

根据声音传播过程示意图,为了降低或消灭噪声干扰,可以采取下列办法:

(1) ________________________________;

(2) ________________________________;

(3) ________________________________;

(4) ________________________________;

(5) ________________________________。

探索 X 世界

你可以为噪声防治做些什么

观察下面的实验器材,考虑在噪声防治方面可以做哪些研究。

实验器材

1 个完整的纸盒,3 片玻璃片,3 片塑料片,3 片木片,3 片硬纸板,不同厚度的泡沫板;1 个蜂鸣器,1 个声强计;1 把剪刀,1 卷细绳,1 卷胶带。

你还可以增加其他容易找到的材料用于研究(图 21-3)。

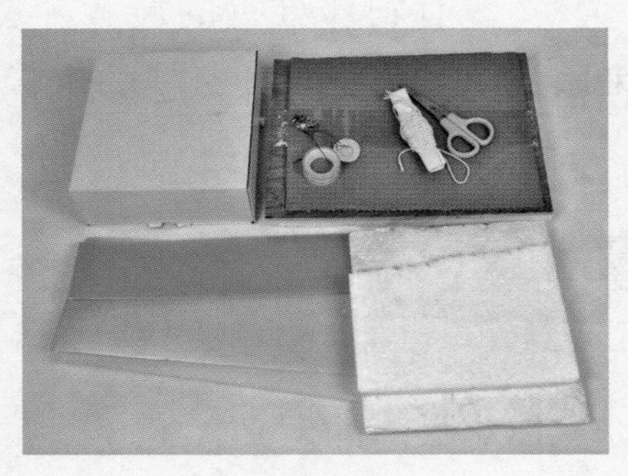

图 21-3

考虑好之后,先别忙于立刻动手实验,应该先做好以下工作:

(1) 写出研究目的、实验器材、实验设想。

(2) 设计好记录测量数据的表格。
(3) 开始实验研究：先搭建实验装置，测试并记录实验数据。
(4) 注意应重复一定的测试次数，以防止实验中偶然因素影响实验结果。
(5) 分析数据，得出实验结论。
你的实验结论：

____
____。

猜想跷跷板

靠近高架或马路的房间，由于外面的噪音不方便开窗，但是又希望能够通风换气，怎么办(图 21－4)？

图 21－4

这个问题很难解决，到现在为止也还没有特别好的解决办法。你敢挑战一下吗？把你的想法画在下面。

知识充电站

控制噪声有下列 3 条途径：
(1) 在声源处消除或减弱；
(2) 在传播过程中减弱或消灭；
(3) 在人耳处减弱、去除或消除影响。

集思小擂台

查查现在都有哪些噪声处理方法？把它们写下来。

____

____

它们所用的原理属于上述 3 条中途径中的哪一种？

____

____

试着将它们归类，每种方法只应用了其中的一条途径吗？

____

____

每种控制噪声的途径比较适用于哪些场合？请你归纳总结。

____

____

____

____

归纳总结是个很有用的思想方法，不仅在实验中，在以后的学习中也会经常用到！

知识充电站

噪声的应用

噪声有这么多的危害，真的一点用处都没有吗？任何事物都有两面性，噪声虽然令人讨厌，但也并非一无是处。噪声可以有哪些应用呢？

（1）除草：根据不同植物的生长速度对噪声有不同的反应，科学家制造的噪声除草器可以使杂草在农作物生长之前提前生长，这样就可以先期除掉杂草。

（2）除尘：能量高的噪声能够使灰尘粒聚集、变重下沉，就可以达到除尘的效果。

（3）诊病：科技人员利用声波的反射原理研制了一种听力诊断装置，微弱的噪声波经耳膜反射后传回回声，电脑经过回声数据分析，会把耳膜功能的数据显示出来，可供医生治疗参考。

（4）发电：声能也是能量的一种，当声音碰到障碍物，声能就会转化为机械能。通过声波接收器与共鸣器会聚声能，再通过声电转化器把声能转化为电能，声音就能发电了。

（5）武器：科学家们研制出的“噪声弹”可以在瞬间释放出巨大的噪声波，能够麻痹人的中枢神经系统，使人暂时晕眩昏迷。

专题 22

听得见和听不见的声音

我们听到的声音是一种振动的表现，并且振动具有周期特性。在学习音调时我们知道，频率就是指单位时间内振动的次数，即振动的快慢。

频率的单位是赫兹，人耳能够分辨的范围大致为 20～20 000 赫兹。具体到每个人，听觉范围有一定差别。比如，随着年龄的增长、器官机能的衰老，人的耳朵就不那么灵敏，能够分辨的声音范围也会随之缩小。

探索 X 世界

人的声频听觉范围

研究目的

探索人的声频听觉范围。

研究器材

安装有声音"信号发生器"软件或其他类似信号发生软件的智能手机。

研究步骤

(1) 打开声音信号发生软件，设定发声频率(建议初始值为 440 赫兹)，让手机发声(图22－1)。

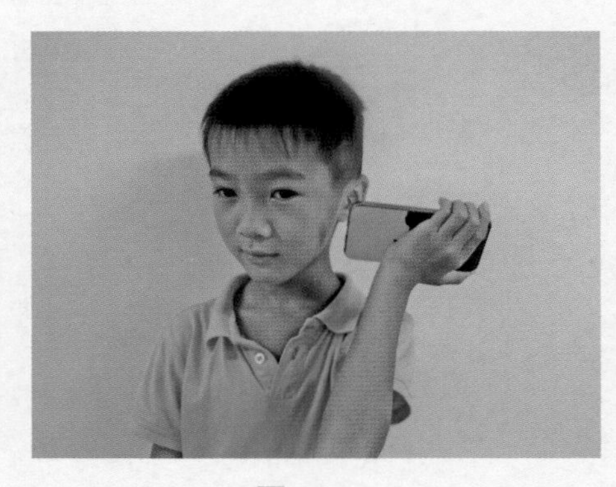

图 22－1

(2) 询问班上同学是否能听到声音。

(3) 逐步增大频率，看看手机发出的声音是否有变化，询问班上同学是否能听到声音。

(4) 继续增大频率，直到同学听不到声音为止，记录这一频率。

(5) 逐步减小频率,手机发出的声音又有什么变化? 继续询问班上同学是否能听到声音。

(6) 继续减小频率,直到同学听不到声音为止,记录这一频率。

研究结果

____

____

集思小擂台

不同的人听到的声音频率范围有何不同?

测试周围的各种人,你能发现听觉的频率范围与人的年龄、性别、职业和生活环境有什么关系吗?

____

____

之前的研究是否有不够严谨的地方? 请你想一想,在听觉的频率范围之内,如果声音特别轻,你能够听得到吗? 响度能改变听觉的频率范围吗?

____

____

探索X世界

人的正常听阈研究

研究目的

验证人的频率听觉范围与响度有关。

研究器材

安装有声音"信号发生器"软件或其他类似信号发生软件的智能手机。

理论依据

图22-2是科研人员对人的正常听阈进行研究的结果[①]。

① 参考文献:王玢、左明雪,《人体及动物生理学》,北京:高等教育出版社,2001年。

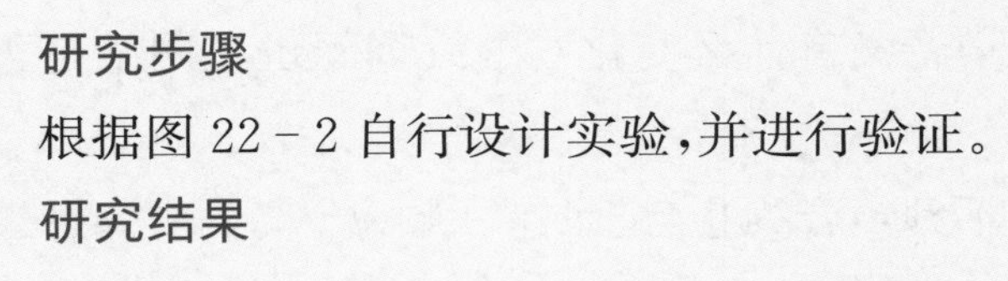

研究步骤

根据图 22－2 自行设计实验，并进行验证。

研究结果

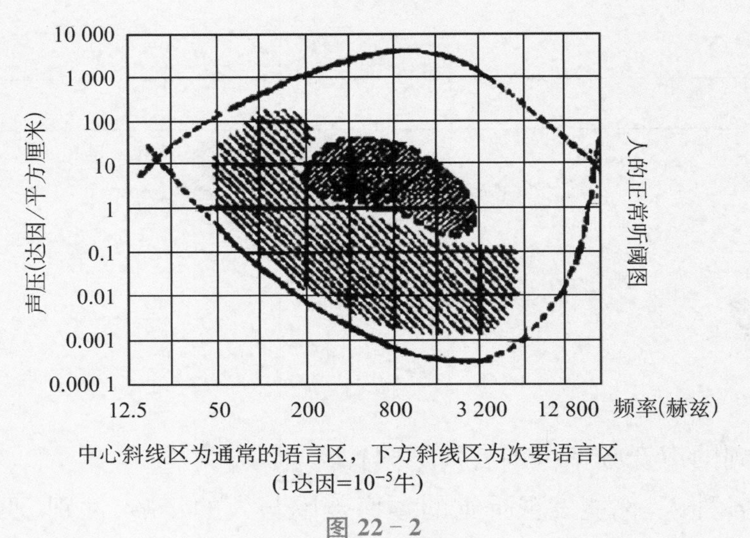

中心斜线区为通常的语言区，下方斜线区为次要语言区

(1达因=10^{-5}牛)

图 22－2

____

____

知识充电站

超声波和次声波

除了人耳能够听到的声音之外，有一些声音是人类无法听见的。

超声波是指那些大于 20 000 赫兹的声波，次声波是指那些小于 20 赫兹的声波。这两种声波人耳无法分辨，但是有的动物就能分辨出来。比如，犬类一般能够听到超声波。地壳异常活动发出的声波是犬类能够分辨的，所以会有地震之前犬狂吠不止的情况发生。

图 22－3 是人和一些动物发声和听觉的频率范围。

大象是一种温顺的动物，它们似乎总是安安静静，大象种群之间是怎样进行交流的呢？科学家研究发现，大象的语言比我们想象的还要复杂！它们的语言人类听不见，属于次声波范围(图 22－4①)。

① 图片来源：惠旅行，“爱心满满一起来招呼大象宝宝”，http://www.toplanit.com/gonglue/tailand/chiangmai/doc-3687.html。

蝙蝠的视力不好，却能在漆黑的山洞里畅行无阻，蝙蝠有什么“秘密武器”？原来它是靠自身发出的超声波的回声来判断周围是否有障碍物(图 22 - 5)。

在人类探索海洋世界的过程中，有一项科技起到非常大的作用，人们仿照生物界蝙蝠的回声定位功能，发明了可以在海洋中应用的声呐系统。利用发射出的超声波探测深海中的鱼群、沉船以及敌军的潜艇等(图 22 - 6[①])。

人和一些动物发声和听觉的频率范围(赫兹)

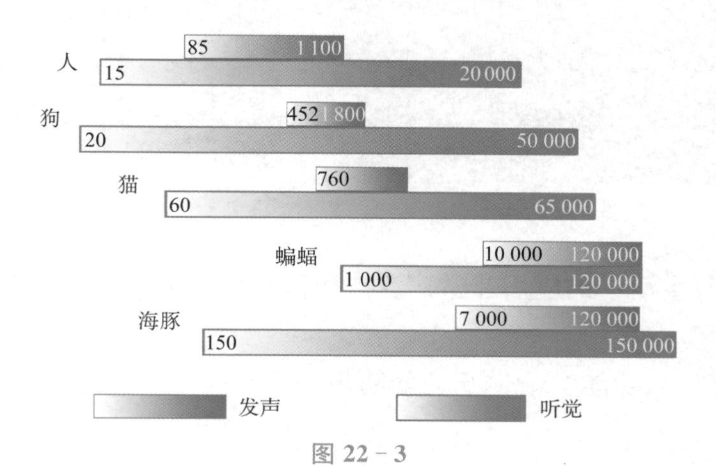

图 22 - 3

图 22 - 4

图 22 - 5

图 22 - 6

① 图片来源：http://www.360doc.com/content/15/0824/20/7007706_494534460.shtml。

近年来，在长江中白鳍豚灭绝之后，长江江豚的存活数量也在逐年锐减，大多数人认同是长江水质浑浊污染严重造成的。其实还有另外一种说法，请你查阅资料后和大家一起讨论。这里给大家一个提示：港口的货轮每天承担大量的运输任务，货轮会发出很严重的噪声；而白鳍豚和长江江豚都是靠自身的声呐在浑浊的江水中生存(图 22－7[①])。

图 22－7

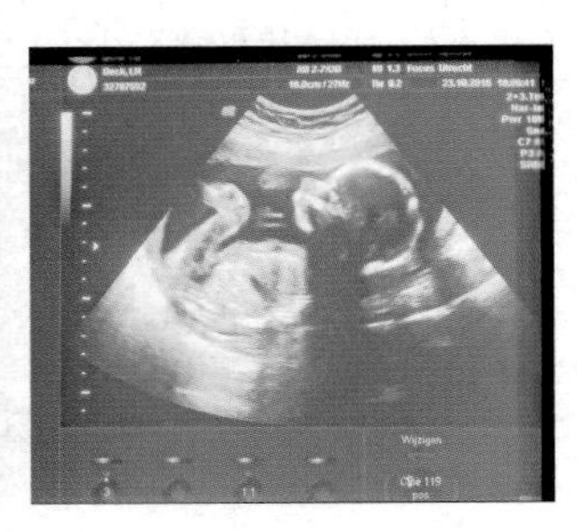

图 22－8

超声波在生产、生活中的应用非常广泛。医院在给孕妇检查胎儿时，就要应用到超声波扫描术(图 22－8)。

超声波还具有什么功能？请你开动脑筋想一想。

探索 X 世界

超声波清洗效果

实验目的

超声波真能清洗物体吗？

实验器材

装水的容器，超声波发生器(图 22－9)，被各种方式污染的若干玻璃片和小布片，其他需要清洗的小物件等。

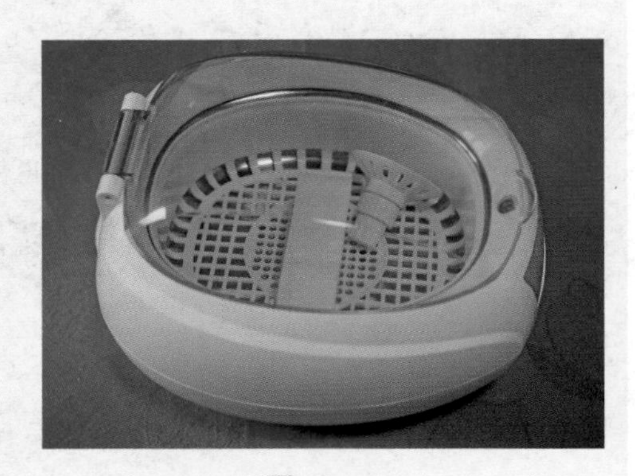

图 22－9

实验步骤

自行设计实验，清洗如眼镜之类的物品。

实验结论

____

____

① 图片来源：中国百科网，“白暨豚的概述”，http://www.chinabaike.com/2/sheng huo/kp/2016/0603/5272262.html。

集思小擂台

经过上述实验，你觉得超声波可以清洗物体吗？它适合清洗什么样的物体？结合之前学过的知识，说说超声波为什么可以清洗物体？

____

____

知识充电站

我们已经谈了超声波的用途，那么，次声波有什么应用呢？

自然界中次声波的发生是常有的事。火山地震、电闪雷鸣、大风大浪等都可能伴有次声波发生。人类活动中，爆炸或烟火、导弹或炮弹的发射、轮船或汽车的运动、高楼或大桥的晃动、冲击钻或鼓风机的冲击等许许多多行为，也都能产生次声波。

次声波的频率小于 20 赫兹，因而波长比较长，能绕开某些大型障碍物发生衍射[①]。次声波不容易衰减，不容易被水和空气吸收，因此可以传播很远的距离。

研究和监测自然界的次声波，可以获取地震、台风等自然灾害信息，及时防范就能减少灾害对人类的危害。

一定强度的某些频率的次声波对人体有害，甚至能够致人死亡。人为产生一定强度次声波的行为是不被允许的。

① 衍射：波在传播过程中遇见障碍物、能够绕过障碍物传播的现象。

专题 23

随声附和的声音

穿越时空

“予友人家有一琵琶，置之虚室，以管色奏双调，琵琶弦辄有声应之，奏他调则不应，宝之以为异物，殊不知此乃常理。”

《梦溪笔谈》沈括

在上面的这段文字中，沈括(图 23－1)描述的是一种什么现象？对于这种奇怪的现象，友人十分害怕，以为是有鬼怪作祟，而沈括的回答是“此乃常理”。这究竟是常理还是鬼怪在作祟？

沈括(1031—1095)
北宋政治家、科学家

图 23－1

探索 X 世界

神奇的灵异小球

沈括遇到的“灵异事件”还真是奇怪，你想不想亲自做实验感受一下这样的“灵异现象”？

实验器材

1 卷棉线，4 只带孔的小铁球，剪刀。

实验步骤

(1) 将棉线剪成 4 段，其中有两段要一样长，另两段不一样长。

(2) 将 4 段棉线分别穿入小球，做成 4 个单摆。

(3) 找一张带腿的桌子(或两根固定的相隔一段距离的竖杆)。剪一段长棉线,将棉线的两端分别固定在桌子两腿(或者固定在相隔一段距离的两根竖杆上)。

(4) 将做好的 4 个单摆等距固定在长棉线上(图 23－2)。在棉线及小球全部趋于静止之后,轻轻摆动其中一个小球,你看到什么现象?换一只小球摆动,你看的现象有什么不同?

继续换小球摆动,看看有什么不同现象,注意每次摆动小球之前一定要保持棉线及小球基本静止。

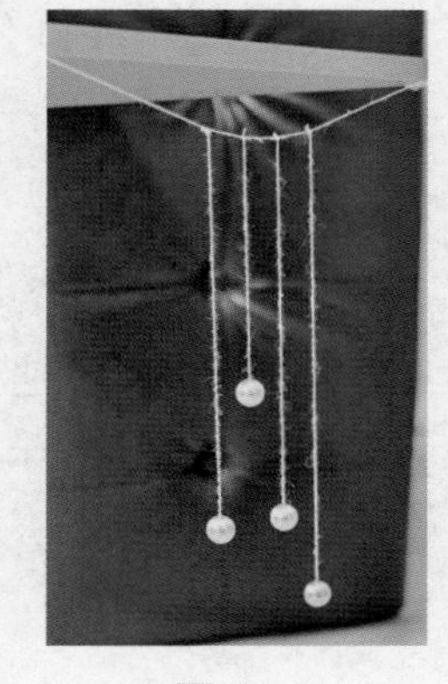

图 23－2

研究结果

____

____

共鸣的音叉

实验目的

认识声音的共鸣现象。

实验器材

共振音叉一套(含两只频率相同的音叉、两只共鸣箱、一只音叉槌、一个用于改变频率的金属小夹子)。

实验步骤

(1) 将两个频率相同的音叉分别插在共鸣箱上,使两只共鸣箱的开口相对并尽可能靠近,但相互不接触。

(2) 敲击其中的一个音叉,使音叉响起(图 23－3),隔 2 秒钟后握住刚刚发出声音的音叉使它不再振动发声,记录这时发生的现象和听到的声音。

图 23－3

(3) 把金属小夹子套在其中一个音叉上,重复上面的实验步骤,看看这次的实验结果与之前是否不同。

研究结果

____

____

实验结论

(1) 以上两个实验证明,每个物体都具有其振动的________频率。

(2) 物体在外界周期性驱动力影响下发生的振动称为受迫振动。在上面的单摆振动实验中,一个单摆的振动通过上面的横线影响了其他单摆,其他单摆便发生受迫振动。

(3) 当外界驱动力的频率与物体振动的________一致并持续发生时,被驱动物体的振动越来越________,这个现象称为________。

(4) 沈括的友人吹起管乐时,琵琶弦会“应声附和”是因为____________________。这个现象和上面的________实验相同,都是一种________________现象。

猜想跷跷板

有人说歌唱家可以把酒杯唱破(图 23-4),你觉得这可能发生吗?为什么?

图 23-4

探索 X 世界

共鸣箱的作用

在专题 17 学习音调时,我们自制了一个乐器来探究音调与频率之间的关系。当弹拨橡皮筋时,发出的声音洪亮。

如果把橡皮筋拆下来、单独弹拨,声音会有什么不同?

实验步骤

(1) 选取两根相同的橡皮筋，一根安装在原来的乐器上，另一根拆下固定在板子上。

(2) 分别弹拨两根橡皮筋，对比声音是否发生变化。把你的直观感受写在下面。

研究结论

____

____

知识充电站

(1) 固有频率：物体做自由振动时所持有的特定频率。它与物体的硬度、外形和质量分布有关，与外界驱动力无关。

(2) 共振：当外界对物体的驱动频率与物体的固有频率一致时，物体振动会加剧。当振动阻力很小时，很小的驱动力就可以引起物体产生极为剧烈的振动。

(3) 共鸣：共鸣是共振的一种，它是指一个发声体在振动时，振动通过空气等介质传播到另一个发声体引起振动。

(4) 共鸣箱：当振动发声时，与物体紧密接触的空腔体内的空气柱也会随之发生振动、产生共鸣，使声音放大，这类空腔称为共鸣箱。

集思小擂台

图 23－5 是一些弦乐器，请仔细观察它们的共鸣箱，说说你的发现。

(a)

(b)

(c)

图 23－5

穿越时空

共振有很多重要的应用。

医院用于检查身体内部状况的造影手段——核磁共振，就利用了共振原理。人体中含有大量水，水中有氢原子，所以氢原子是人体中含量最多的原子。强大交变的磁场激发氢原子核[①]共振，一旦磁场消失，氢原子核回到原来的状态，放出电磁波。核磁共振仪检测电磁波，可以得知检查部位人体内部的氢原子分布情况。因为人体中各组织氢原子的分布状况不同，某组织中发生机理变化或者病变，也会引起氢原子分布的变化。因此，通过分析氢原子分布情况，可以得到人体内部组织结构的立体图像。核磁共振技术在医学、化学、生物学、材料学等领域有着突破性的应用。因核磁共振而颁布的诺贝尔物理学、化学和医学奖共 5 次之多(图 23－6)。

(a) 拉比(1898—1988)
美国物理学家，因发现核磁共振现象而获 1952 年诺贝尔物理学奖

(b) 布洛赫(1905—1983)
瑞士裔美国物理学家，因发展核磁共振测量方法与珀塞尔分获 1952 年诺贝尔物理学奖

(c) 珀塞尔(1912—1997)
瑞士裔美国物理学家，因发展核磁共振测量方法与布洛赫分获 1952 年诺贝尔物理学奖

图 23－6

微波炉是生活中的常用器具，也是利用共振原理。水分子振动的固有频率恰好处于微波[②]的频段之中，水分子和微波发生共振时，大量吸收微波能量，剧烈运动，从而提升食物温度[③]，起到加热的效果。

共振也会产生危害。

人体内脏的固有频率位于次声波范围，如果次声波和人体发生共振，人体就会受到伤害。

---

① 原子核是原子的组成部分。物质是由分子组成，分子是由原子组成，原子是由原子核和电子组成。组成原子核的是质子和中子。

② 微波：频率为 300 兆赫至 300 吉赫的电磁波。

③ 温度：物体的冷热程度。从微观的角度来看，温度是分子热运动的剧烈程度。

建筑物也有固有频率。如果对建筑物持续施以一定频率的外力，且外力频率恰好等于建筑物的固有频率，将对建筑物产生巨大的摧毁力。据说 18 世纪的某一天，法国昂热一队士兵迈着有力整齐的步伐通过一座大桥，引起桥梁振动。士兵们快走到桥中间时，桥梁振动越来越激烈，最终断裂坍塌，造成许多士兵落入水中丧生。这是因为大队士兵齐步前进，跨步频率恰巧与大桥的固有频率一致，使桥的振动迅速加强，当它的振幅达到一定程度，桥的形变扭曲力过大，就导致桥梁断裂坍塌。

专题 24

西瓜会告诉我们什么

随着社会的进步，科学技术在生活中的应用越来越广泛。声音由于具有许多特性而被应用于各行各业。不得不说，声音在技术方面的应用给我们的生活带来极大的便利。

妈妈去超市购买瓷碗的时候，会拿两个碗相互轻撞一下，听听声音。因为敲击完好无损的碗和有裂纹的碗时，发出的声音是不同的。当然，敲击瓷碗和不锈钢碗时，声音也是不同的。内部结构不同，声音自然有差别。如果利用声波的这种特性，是不是可以在生产、生活中对某项产品进行鉴别呢？

探索 X 世界

在炎热的夏季，市场上卖得最快的就是甜甜的大西瓜（图 24－1）。如果不小心买到的是一个没有熟透的西瓜，自然寡淡无味。你可以问问父母，判断一个西瓜熟透的标准是什么？你也可以自己去挑选西瓜，让西瓜自己告诉你它是否成熟了。

图 24－1

你的经验是______________________________

____________________________________。

你知道一共有哪些挑选西瓜的方法？查一查，然后写在下面。这些方法中有哪些是跟声音相关的？把它们标注出来。

____

____

经过上面的总结，相信你已经能够利用声波的特性来进行一些简单的判断。接下来就让我们一起来看看声波在科技与生活中的其他应用。

知识充电站

在现代生活和各行各业生产研究中，声音的利用十分普遍，且应用的研究越来越深入。下面给出一些应用实例。

1. 利用声波探伤

超声波探伤仪是一种利用超声波探测物体内部是否有伤的仪器(图 24－2)[①]。超声波探伤仪可以进行物体内部多种缺陷(裂纹、疏松、气孔、夹杂等)的检测和定位。使用快速方便，而且对物体无伤害。

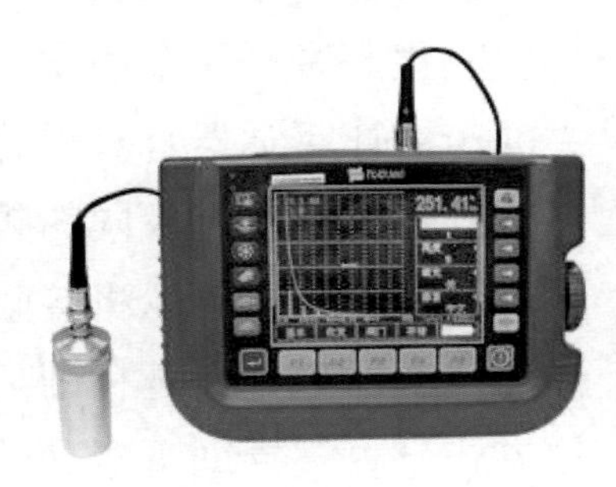

图 24－2

2. 利用敲击声音信号进行禽蛋破损检测

以前判断禽蛋是否破损主要是人工进行筛选，近年有报道禽蛋类加工厂应用敲击声音信号检测禽蛋破损技术。敲击禽蛋，利用计算机处理声波脉冲信号来判断禽蛋的好坏。

3. 电子声控门卫

目前常用的门禁系统有刷门卡或者用数字密码方式识别进门者，也有用指纹识别方式、人脸识别方式或者虹膜识别方式。

除了上述这些方法之外，还有人在研究声音识别方式。走到门前，当电子声控门卫向你问好时，你也应向它问好，这时电子声控门卫内置的声音识别系统就会通过你的声音来判断是否为你开门。

4. 通过声音指令遥控电子设备

说到“声控”，10 年前人们首先想到的一定是楼道里的声控灯。现在声控设备不胜枚举。打开智能手机，你可以发出语音指令命令手机编辑短信进行发送，你也可以命令手机给某个联系人打电话，回到家你可以通过说话来控制洗衣机、电脑等设备(图 24－3)。

图 24－3

有些音乐软件具有听声识曲功能：如果你想不起某一首歌的名字，你只需要哼出这首歌的几秒钟

---

① 图片来源：http://www.shidaiyiqi.com.cn/cpyy/cpyy29.html。

旋律，系统就会自动识别声音并且进行匹配，播放出你想要的歌曲。你可以和你的小伙伴们一起试一试听歌软件的这个功能。

5. 助听器

对于正常人来说，每天耳边充斥各种声音，但是对于听障人士来说，能够听到形形色色的声音却是一件非常困难的事。助听器是一种伟大的发明，它能够帮助听力有问题的人群重新感受声音，帮助他们像正常人一样生活。

助听器的原理其实非常简单：

收集声音⟶将声波转化成电信号⟶将电信号放大⟶转化成放大的声波⟶放大的声波让听觉器官获得感受

外界的声音有不同的频率，听障人士往往对不同频率的声音听觉感受的障碍程度不同。现代助听器可以将接收到的声音频率分别送入助听器内不同的通道进行处理。助听器的频率通道分得越精细，听障人士听到的声音就越接近真实、越自然清晰。助听器按使用方式分为气导助听器和骨导助听器（图 24－4(a)①），有盒式、眼镜式、发夹式、耳背式、耳内式、耳道式、深耳道式等多种，如图 24－4(b)②所示。

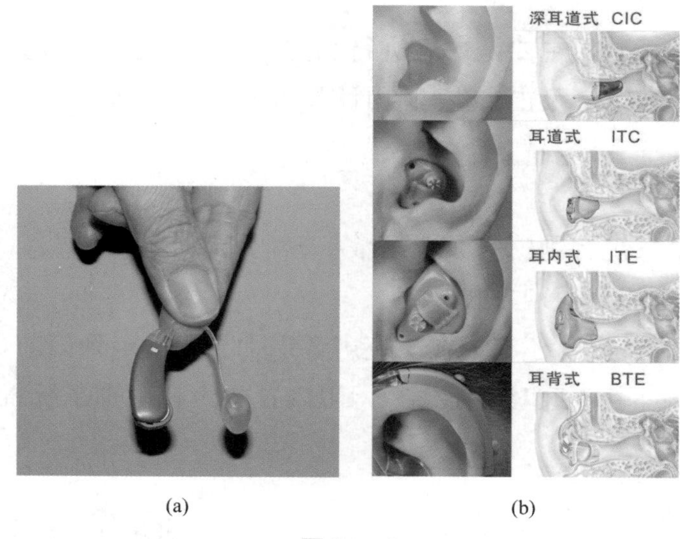

(a)　(b)

图 24－4

探索 X 世界

设计一个与“听”有关的玩具或者教具，并把它动手做出来。写出它的声学原理，画出它的设计图。与同学们交流，看看谁用到的声学原理最多，看看谁的设计最巧妙。

① 图片来源：http://detail.net114.com/chanpin/1034 442772.html。
② 图片来源：http://www.dianping.com/photos/23346065#single-img。

未来科学家培养计划
科学启蒙·探索·研究系列

- NEW物理启蒙 我们的看听触感 -

触

主　编　关大勇　吴於人

编　写　邹　洁　沈旭晖　严朝俊　曹　政　刘　晶　王珊珊　李超华
　　　　吴喜洋　黄晓栋　段基华　杜应银　赵　丹　邹丽萍

- 在潜移默化中接受科学研究基本训练
- 在不知不觉中学习鲜活的物理知识点
- 在战胜实验挫折中体验科学研究乐趣
- 在质疑探索、合作交流中感悟科学精神

复旦大學 出版社

序言 1 Foreword 1

物理学是最重要的基础科学，它不仅让人们认识"万物之理"，而且让人们学会认识事物的思维方法，这是一切物质科学的基元科学。离开了物理学，就没有电子信息技术、没有光学工程技术、没有材料工程技术、没有机器制造技术等。用一句话来说，没有物理学就没有现代工业技术，也没有现代社会。物理学要从小就学起来。

我手中看到的是一套物理教育书稿：有4册《NEW物理启蒙　我们的看听触感》为小学生而写，旨在让孩子们通过自己的感官，实践科学探索；另有4册《NEW物理探索　走近力声光电磁》为中学生而写，希望中学生在正式学习物理课程之前感受物理的魅力、养成研究的习惯。

这是一套有特色的书。不少物理知识的学习是从玩具和新奇现象切入，引发孩子们的兴趣，然后引导孩子通过科学探索，寻找规律，玩出花样，玩出感悟。书中的很多有趣现象对于小学生、中学生和大学生，都可以发掘到适合自己的研究课题。根据学生的年龄特点，这套书中设计了不少有效激励的游戏和竞赛；鼓励挑战权威，敢于质疑；内容传承经典，又与前沿交融；研究中和研究后均注意鼓励文字记录和表述，以及语言的相互交流。

看到书中有趣的物理玩具，不禁使我想起自己的少年时代。我曾是一个喜欢物理的学生，喜欢做实验，喜欢捣鼓自己的创意小制作。兴趣真是好老师！

当今科学技术日新月异，教育技术也随之改变。在上海这样的大城市，传感器数据采集实验系统、电子书包、微课程平台，以及VR和AR等现代技术的影子相继在学校出现。科学技术的提升，家庭生活的改善，使孩子们玩电子产品驾轻就熟。显然，一方面是"天高任鸟飞，海阔凭鱼跃"，国家教育的投入越来越多，孩子们的学习环境越来越好；另一方面是"机器人抢饭碗""未来的竞争更为残酷"，这样的说法让家长们人心惶惶。所以，未来社会非常需要的研究型人才、创新型人才、工匠型人才，如何才能有效地进行培育？教师和家长又该如何进行引导、言传身教？课堂教育和课外活动如何给予学生高尚理念、家国情怀？学校和社会如何给予青少年更多发展空间，更好地培养他们未来展翅飞翔的潜能？这才是最重要的。

不久前，FAST这个我国自行研制的世界最大单口径(500米)射电望远镜，在调试阶段已探测到数十个脉冲星候选体；"墨子号"在国际上率先实现千公里级量子纠缠分发；中国的北斗星导航系统已是我国国防不可或缺的坚固保障，同时也撑起了一片创新生态。据报道，谷歌的AI子公司DeepMind研发的AlphaGo Zero可以自学，经过3天的自我对局，Zero变得足够强大，可以一举击败原来版本的AlphaGo。一项项改变未来、改变我们生活的现代技术让我们享用，让我们大开眼界。应该明白，这些技术的发展依赖科学理论的支撑和科学的研究方法，依托有不断学习精神和学习能力的人的发明创造。

这套书的作者希冀借助物理研究方法的启蒙，培育青少年的物理思维能力和发明创新潜能。物理可以视为自然科学的核心，视为新技术源源不断的源泉。物理图景探索、物理技术运用和物理研究方法已经渗透各行各业。所以，青少年学生和家长不要害怕物理，而是要尝试喜欢物理，并积极主动学习物理。培养物理思维能力，会让你受益终身。

物理其实不难，非常生动有趣；物理世界的图景令人豁然开朗，可以在实际中运用。喜欢物理的同学，或是被物理的神趣和挑战所吸引，或是在物理学习中体验到成功和登高远眺的境界。这套书努力让读者感受物理，让读者亲近物理。希望孩子们有越来越多的机会沉浸在能够激发学习兴趣、激发探索潜能的学习环境中。这套书对教师们来说更是任重而道远，要努力探索，让学生掌握课程的知识点并熟练运用，培养学生热爱物理，激发学生终身学习的动力和培养学生终身学习的能力。

中国科学院院士
褚君浩
2017年10月于上海

序言 2
Foreword 2

长期以来，同济大学的大学物理教师一直在探寻更为有效的物理育人方法。在课程设计中强化实践探索，努力为学生构建可引导自主研究的学习环境。五彩缤纷的物理演示实验、物理探索实验、物理仿真研究计算机系统，以及物理研究课题竞赛等软硬件系统建设，均对学生研究能力的提高起到了积极推动的作用，也取得了一系列教学成果。10 年前，同济大学在上海市科委和上海市教委的支持下，成立了上海市青少年科技人才培养基地——同济大学物理实践工作站，将注重实践的理念运用于青少年科学素养培育中，将物理的有趣和神奇、物理的无所不在和推动社会发展的力量展现在大家面前，激励了许许多多的青少年。

现在，曾经的同济大学物理实践工作站创建人——一位热心的退休物理教师和当时工作站的副手——一位同济毕业的物理博士将此教育理念继续发扬，创建了"未来科学家培养计划"系列课程，研发着"科学启蒙·探索·研究"系列教材，在此对即将出版的这套丛书表示祝贺。

物理学是人类文明和社会发展的基石，它所展现的世界观和方法论，深刻地影响着人们对物质世界的基本认识、人们的思维方式和社会生活。物理学的学习，对于人们树立科学的世界观、增强分析和解决问题的能力、培养探索精神和创新意识等，具有不可替代的作用。同时，物理学发展至今所创建的科学体系又是如此的优美，它所体现的系统性、对称性和多样性等使之精彩纷呈、奥妙无穷，激励着无数有志青少年孜孜学习和探索。

如果将物理学习的过程比作攀登智慧的高峰，则从概念到概念、从公式到公式的传统教学方法，往往会将学生引入一条乏味的登山之路，使学生难以体会攀登的乐趣，产生厌倦和难学的错觉。如果我们稍微关注一下物理学的发展历程，就不难发现物理学是一门起源于实践和探索的科学，物理学家对自然规律的认识过程是一个不断探索、发现、总结、质疑、试错、再探索的过程，并由此获得新知识、掌握新方法、成就新未来。这一过程尽管充满困难和挑战，但每一个新的困难和挑战均意味着又一段新的精彩旅程，可谓风景这边独好。

玩具中有物理，乐器中有物理，生活中有物理。有的现象有趣，有的现象很炫，有的现象神奇。这套丛书就是让同学们感受物理探索和研究的乐趣，并通过与学习同伴的合作和竞争，体验物理魅力，提高物理素养，感悟科学人生，成就未来发展。

教育部高等学校大学物理课程教学指导委员会主任

顾牡

2017 年 10 月于同济大学

前言 Preface

“NEW 物理启蒙　我们的看听触感”是一套小学生朋友一定会喜欢的物理科学探索丛书。书中充满有趣的现象，神奇的科学。它将吸引学生情不自禁地在玩耍中初识物理，研究科学；在潜移默化中接受科学研究的基本训练；在不断克服困难、战胜挫折中体验研究的乐趣。

这套丛书有别于其他科学小实验图书，每一个研究专题都不是仅仅强调知道什么新知识，完成什么新实验，而是要求用自己的感官去感触、体验，进而去思考、探索世界。书中的文字和图片的展现是平面的，但是我们真诚地希望我们的表述能够让学生、老师和家长看到书中描述的生动和多维的世界，并努力引导他们用眼睛、耳朵、鼻子、嘴巴、皮肤和肢体去感受世界的美好和复杂，感受自己探究的力量和合作的伟大，明白交流和争辩的必要，体会一步步感悟的快乐。

丛书主编长期从事青少年科学素质教育及创新意识启迪的研究工作，并有丰富的教育实践经验，因而书中处处彰显引领学生步步深入探索科学的魅力。学生读书的过程就是一个科学研究的过程，就是在一条小小科学家成长的道路上跋山涉水、不断成长的过程。上海市教育评估协会对这套教材所对应的课程组织了评估，肯定了课程设计与建设的科学性和先进性。

丛书共有 4 个分册，分别是《看》《听》《触》《感》，我们建议将丛书作为小学生科学拓展课程或者科学类选修课教材，让小朋友们在耳闻目睹的现象中有所发现，在亲历亲为中明白科学探究是怎么回事。对自己孩子有信心的家长和敢于挑战的小朋友，应该和这套丛书做朋友。

丛书由智勇教育培训有限公司“未来科学家培养计划　科学启蒙·探索·研究系列”编写团队和上海师范大学物理课程与教学论、学科教育(物理)专业的研究生共同编写。参加编写的有邹洁、沈旭晖、严朝俊、曹政、刘晶、王珊珊、李超华、吴喜洋、黄晓栋、段基华、杜应银、赵丹、邹丽萍。书中没有注明出处的图片大部分源自智勇教育、教师同行、亲友和历届学生们的提供，部分为 CC0 协议和 VRF 协议共享版权图，马兴村先生为此书作了手绘画。在此向各位合作者一并表示衷心感谢！

编者

2017 年 9 月

目录 Contents

第3分册

触

导 语

我们的神经和肌肉可以使身体做出各种动作，皮肤接触到各种物体，让我们感受到力和热的存在。

力和热重要吗？当然，它们几乎无处不在。从你每天早晨睁开双眼开始，洗脸刷牙吃早饭，读书写字用电脑，一直到晚上闭上眼睛休息，你所接触到的一切，无一不隐藏着力的身影。冷热可口的饭菜，冬暖夏凉的空调，这些又都让你无时无刻不体会着热的存在。

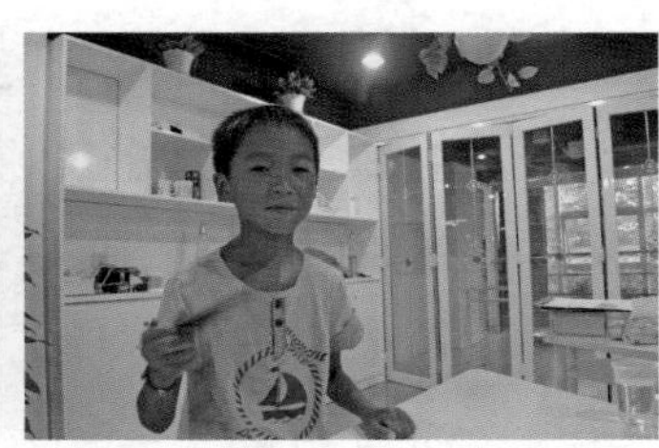

上面的这 4 张图中有哪些现象属于力学研究范畴，有哪些属于热学研究范畴？

你还能说出哪些与力和热有关的生活现象？你思考过这些现象产生的原因吗？

为什么杂技演员走钢丝时不会掉下来[①]？

地球为什么会一直绕着太阳转？

篮球鞋上的气垫有什么用处？

气球为什么会飞上天空？

冬天，玻璃窗上为什么会结出朵朵窗花？

蜡烛的火苗为什么一直是向上的？

风云雨雪又是怎么形成的？

……

① 图片来源：清远市人民政府网，“故乡里高空走钢丝”，http://zwgk.gd.gov.cn/007299674/201108/t20110802_198889.html。

这么多的问题，想必你也一定很好奇。我们就将对这些似乎司空见惯、却从未深究的力学和热学现象进行研究，看看这些现象背后到底有哪些物理规律。

我们先来做一个简单的热身实验。

探索 X 世界

搓热你的双手

同学们想必都有这样的经历：在寒冷的冬天，手冻得通红。怎么才能让手能够暖和一点？一个方法就是不停地搓手。搓手这个简单的动作，是否包含了什么物理现象？下面我们就来研究。

研究目的

研究要将双手搓热都与哪些因素有关。

研究器材

____

____

研究步骤

____

____

一个简单的搓手动作也能有不同的研究角度吗？当然！你试过用手背相互摩擦吗？你试过摩擦快一点或用力一点，会有哪些不同？这些不同是源于你的感觉，还是你有数据支持？如果你想要定量研究，又需要哪些设备？

研究结论

提示
注意研究中的控制变量！不好控制？又该怎么办呢？

专题 25

金鸡独立

我们首先学习物理学中的力学知识。先从让人眼花缭乱的平衡技艺说起(图 25-1)。

(a)

(b)①

(c)

图 25-1

大家看了上面的照片,是不是觉得惊险刺激、不可思议?运动员、演员和顶在上方的物体看上去摇摇欲坠,为什么却不会掉下来?这里面有什么物理学原理?我们不妨自己来试试!

探索 X 世界

杂技演员所做的动作都是经年累月苦练得来的,我们自然做不到。这些表演动作也很危险,同学们不要随意尝试。我们可以玩一个最简单的金鸡独立游戏。

金鸡独立

游戏目的

体会并思考单脚站立为什么不稳。

① 图片来源:http://nczjt.com/pod.jsp? id=275#php=105_371_13。

游戏方法

(1) 难度 1：金鸡独立基础动作。每个同学都按照图 25－2 的方法站立，看看谁坚持的时间更长。

大多数同学都能站得很稳当。接下来我们加大动作难度。

(2) 难度 2：大家围成一圈做金鸡独立的动作，然后可以相互触碰干扰，看看谁能坚持的时间最长。

(3) 难度 3：闭上眼睛做金鸡独立的动作。

图 25－2

猜想跷跷板

游戏做完了，大家开心的同时是不是也有所思考？站立原本是日常生活中最平凡、最普通的一个动作，可是为什么单脚站立较为困难，而且会出现那么多不同情况？是什么原因使我们站立不稳？单脚站立和双脚站立又有什么区别？请大家开动脑筋，猜想其中的原因。

把你的猜想写在下面：

____

____

穿越时空

我们先来看看摇摇欲坠的原因。这要从一个苹果说起。艾萨克·牛顿是一位百科全书式的全才科学家(图 25－3)。据说有一次，他在一棵苹果树下思考问题，被树上掉落的苹果砸中了脑袋。也有人说这是假的。但是为什么要编这么有意思的故事呢？是不是因为牛顿的伟大发现对一般人来说，实在太离奇了？树上掉苹果看上去再正常不过(图 25－4)，苹果不往下掉，难道还飞上天吗？是呀，苹果为什么就不能飞上天呢？就是这个无数人熟视无睹的现象，让牛顿陷入思索。是牛顿得出的结论因为苹果受到来自地球的吸引。这个我们现在看起来认为是理所应当的结论，1687 年牛顿将这一成果以及后续的数学推导发表在他的著名论著《自然哲学的数学原理》时，却具有划时代的意义。

艾萨克·牛顿(1643—1727)
英国皇家学会会长，英国著名的物理学家，著有《自然哲学的数学原理》、《光学》等。

图 25－3

图 25－4

知识充电站

地球上的所有物体都受到来自地球的吸引力，这个吸引力就是重力①。

正是因为重力的原因，当我们站立不稳时，就会重重地摔倒在地。

探索 X 世界

站立不稳重力会让我们摔倒，那么平时双脚站立怎么就不易摔倒呢？下面我们一起做些实验来研究。

四人叠罗汉

实验目的

寻找不会因重力而摔倒的原因。

实验方法

请 4 个同学按照图 25－5 的办法学叠罗汉，第 5 个同学负责帮助他们，并从下方保护他们的安全。等动作完成后，第 5 个同学撤离，看看叠罗汉的 4 个同学会不

① 重力：物体由于地球的吸引而受到的力。

会摔倒。

这个实验是不是很有趣？够不够刺激？我们再请 4 个同学每人抬起一条腿，看看他们还能坚持住吗？

实验结果

叠罗汉实验是否成功了？你观察到什么现象？请记录在下面：

图 25－5

实验结论

单脚站立这么不稳定，而看上去很“悬”的叠罗汉居然能够成功，其中有什么奥秘吗？大家讨论后写下自己的想法。

游戏中有没有让你觉得不可思议的地方？如果只有你一个人的话，你能做到膝盖以上的身体部分都悬空于地面上，而只靠小腿和脚做支撑吗？你的队友能够为你提供什么帮助(图 25－6)？因为有了队友的帮助，你身体的大部分是悬空的，却不会摔倒，这是为什么呢？仔细观察图 25－6，你还发现什么值得讨论的问题？

图 25－6

知识充电站

是不是有的同学会想，一个人一只脚比较集中，而 4 个人分散得比较开？是不是还有同学会说，一个人的“中心”会跑偏，4 个人的“中心”不会跑偏？

如果大家想到这些，就说明已经接近问题的关键，只是可能找不到合适的物理名词来解释。

大家所说的“中心”在物理学中称为重心。所谓重心，就是物体各部分所受到的重力的合力的作用点。只要你顶住了重心，你就能顶住整个物体。而物体着地总会有一个支撑面，如果重心落在这个支撑面里，物体就不会倒。可见，支撑面越大，物体越稳当。

关于叠罗汉的秘密，你是不是明白了？

探索 X 世界

我们知道了重心，那么一个物体的重心到底在哪里呢？我们还是来做个实验进行研究。

重心在哪里

实验目的

探究物体的重心在哪里。

实验器材

一块较薄的泡沫塑料板，剪刀，铅笔，细线。

实验方法

(1) 运用各种工具和材料，以及讲过的重心知识，开动脑筋找找泡沫板的重心在哪里。

(2) 找到泡沫板的重心后，手拿铅笔，使铅笔没削过的一端(平头端)向上顶住泡沫板的重心，将泡沫板架起来。要求保持泡沫板水平(图 25 - 7)。

图 25 - 7

(3) 用剪刀剪下另一位同学泡沫板的任意一部分，注意剪下的面积不可超过整块泡沫板面积的 1/8。

(4) 再次找到泡沫板的重心，并将其支撑至水平。

(5) 再剪去剩余泡沫板 1/8 的面积，并再次将泡沫板支撑至水平。

(6) 多次重复上面的步骤，看看谁的泡沫板能支撑至水平直到最后。

裁剪一定要从泡沫板的边缘开始吗？剪哪里最能让泡沫板“无重心”可依？泡沫板一定要“平躺”着吗？

实验现象

记录实验中观察到的现象：

____

____

实验结论

怎样才能最快地找到物体的重心？重心在哪里？重心一定在物体上吗？讨论后写下你的想法。

____

____

知识充电站

世界奇观平衡岩

图25－8是位于美国科罗拉多州的平衡岩。由于底部岩层较软、易于风化，在漫长的岁月中，平衡岩的基座部分已风化殆尽，而上面的岩石部分依然巨大，形成了这一摇摇欲坠的世界奇观。

平衡岩位于一条公路的路边，由于它太过引人注目，以致当地有一个非常有趣的说法，“请小心开车，否则平衡岩将是你看到的最后的景观”。

图25－8

专题 26

弹跳的纸青蛙

辛弃疾《西江月》(节选)

明月别枝惊鹊，

清风半夜鸣蝉。

稻花香里说丰年，

听取蛙声一片。

图 26－1

夏日每逢下雨的时候，在乡村的池塘边可以听到“呱呱”的蛙鸣声，小青蛙一会儿跳到岸上，一会儿跳进水里，有趣极了(图 26－1)。你是不是也很想拥有一只小青蛙？为了保护环境，我们不能随意猎杀青蛙。你有什么好办法吗？

探索 X 世界

弹跳的纸青蛙

图 26－2 中展示的是折纸青蛙的步骤。拿起桌上的纸张跟着一起做，你就能拥有一只自己的纸青蛙。

制作目的

探究纸青蛙弹跳原理。

制作材料

一张纸。

制作步骤

根据图 26－2 自己制作一只纸青蛙。

大家折好的青蛙是不是也能像真的青蛙一样跳起来呢？请比比谁的青蛙跳得高。在比较的同时

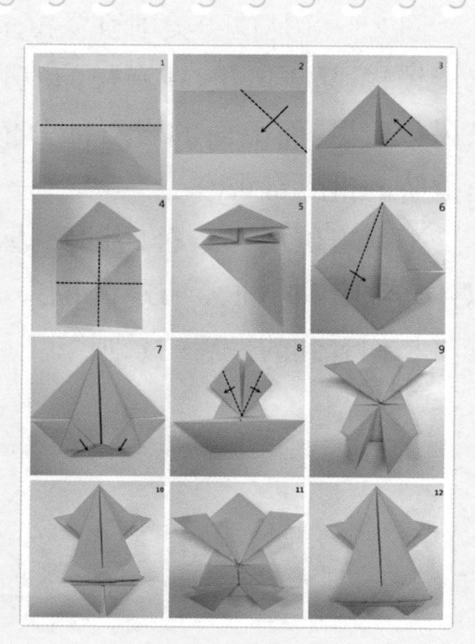

图 26－2

也请想想看，纸青蛙为什么可以跳起来，在它身上又隐藏了什么物理规律？为什么有的青蛙跳得高，有的青蛙却跳不高？怎样才能让你的纸青蛙跳得更高一些？

考查大家观察力的时候到了！仔细看看你的纸青蛙，当你按住它的时候，它的样子有变化吗？当纸青蛙完成跳跃之后，它的形状恢复了吗？把大家的纸青蛙放在一起进行对比，你发现跳得远的纸青蛙有什么共同特点？

你的想法：

____

____

集思小擂台

在上面的探索过程中，大家是否发现一些物理规律？比如，要使纸青蛙跳起来，我们是不是必须对它进行按压（也就是施力），然后快速撤去外力，这样做纸青蛙才能跳起来。当我们对纸青蛙施加压力时，它的形状发生变化了吗？当你的手松开、撤去外力时，纸青蛙是否能恢复到原来的形状？

根据这些现象推测，纸青蛙能够跳起来一定和它的________________有关。

接下来我们扩大研究的范围，来观察分析其他小物体。图 26－3 所示的这几种健身器具相信大家都见过、玩过。想想看你是如何操作这些器具的，并且说说这些器具和刚才折的纸青蛙有什么相同之处？

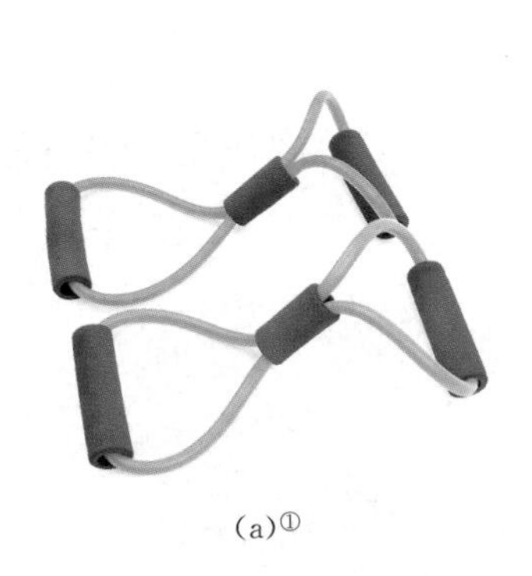

(a)①

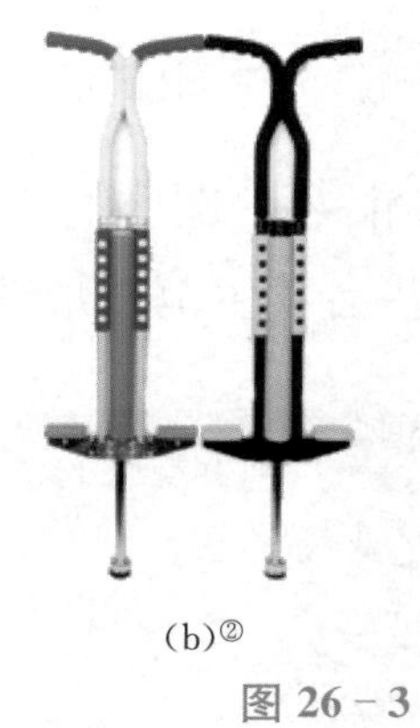

(b)②

(c)

图 26－3

① 图片来源：http://item.jd.com/12176849789.html。

② 图片来源：http://item.jd.com/14789472787.html。

请记录你对这些器具的操作过程，你对它们施加了力吗？施力之后这些器具又有哪些变化？

在你玩这些器具时，你有没有发现它们的形状发生变化？操作过后它们的形状复原了吗？这些器具和纸青蛙有哪些共同之处？

____

____

请将瑜伽球中的气体放出，将弹簧跳里的弹簧取出，重复上述施力过程，看看撤掉力后器具还能恢复原状吗？它还能跳起来吗？

____

____

知识充电站

从上面的实验我们可以得出结论：这些能够拉伸或者会弹跳的物体被施力后形状会发生变化，并且当外力撤消之后物体都能够恢复原来的状态。通常把物体的这种形变叫做弹性形变；若撤去外力后，物体不能恢复原状，则称这种形变为范性形变。

另外，要把发生弹性形变的物体恢复原状，就要除去接触的物体所产生作用的力，这一作用力叫做弹力。

集思小擂台

在了解弹性形变和范性形变之后，你能判断图 26－4 中钢尺、海绵、橡皮泥、饮料瓶、细铁丝、吸管等哪些会发生弹性形变，哪些会发生范性形变？

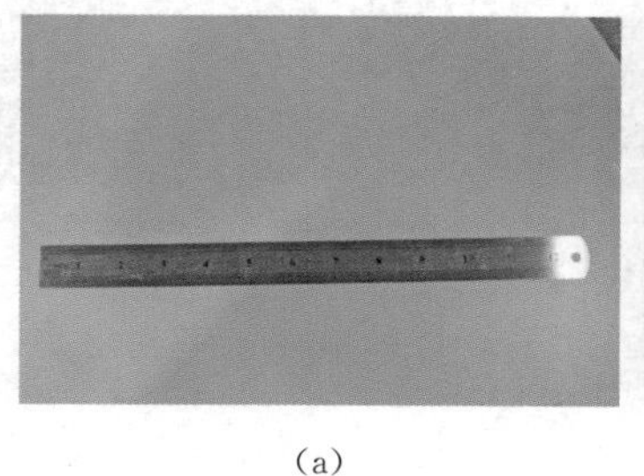
(a)

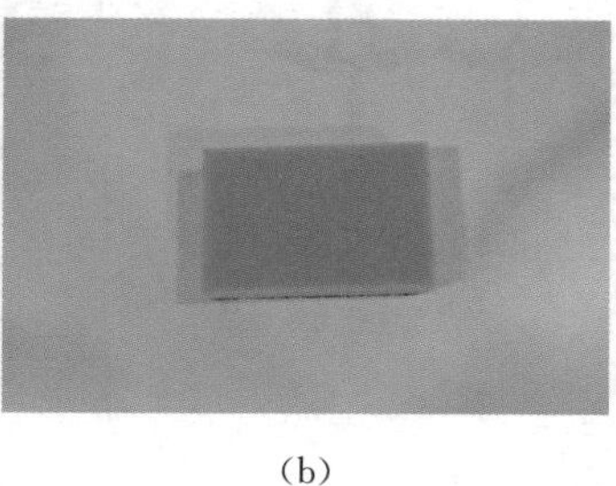
(b)

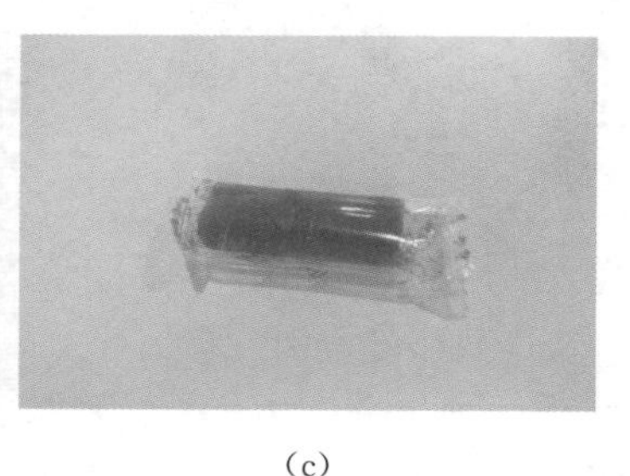
(c)

图 26－4

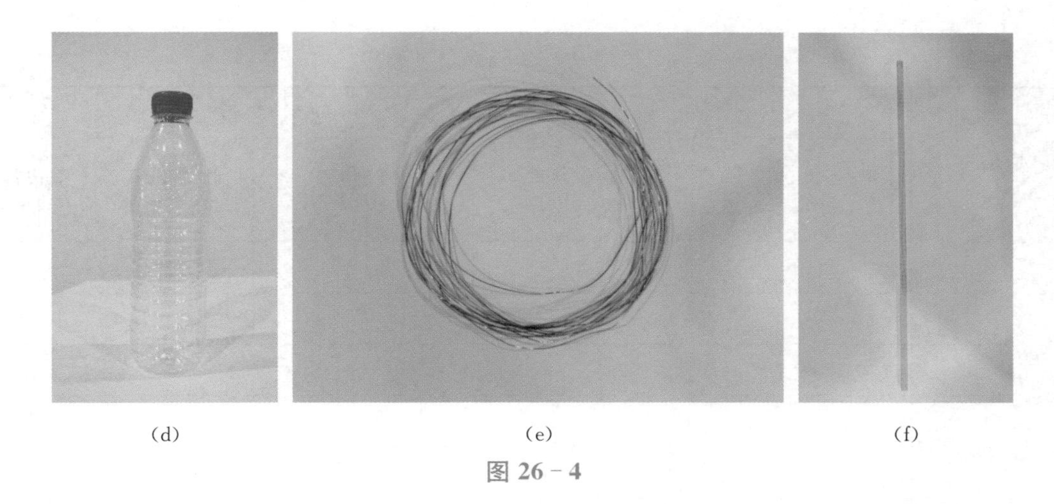
(d) (e) (f)
图 26－4

你的观察：

____

____

探索 X 世界

探究弹力的大小与物体形变之间的关系

实验目的

既然弹力是由物体的弹性形变引起的，通过实验找出弹力与形变之间的定性关系。

实验器材

橡皮筋，图钉，弹簧测力计，直尺，固定橡皮筋的板材(自己动脑筋选择)。

实验方法

(1) 拿一根橡皮筋，用图钉将它的一端固定。

(2) 另一端连接上弹簧测力计。捋直橡皮筋，在弹簧测力计测力为零的临界点，测出其原长(图 26－5)。

(3) 每次将橡皮筋进一步拉长 0.5 厘米，观察并记录弹簧测力计的读数，连续进行 6 次(使橡皮筋总伸长为 3 厘米)，将实验数据记入表 26－1。

图 26－5

表 26-1

实验编号	一根皮筋(原长________厘米)			
	皮筋长度(厘米)	皮筋长度改变量(厘米)	测力计读数(牛)	测力计示数/皮筋长度改变量(牛/厘米)

(4) 将两根橡皮筋一起固定住，并重复上述步骤(2)和(3)。观察并记录弹簧测力计的读数，将实验数据记入表 26-2。

表 26-2

实验编号	两根皮筋(原长________厘米)			
	皮筋长度(厘米)	皮筋长度改变量(厘米)	测力计读数(牛)	测力计示数/皮筋长度改变量(牛/厘米)

(5) 将更多的橡皮筋一起固定住，自己设计表格，再重复上面的实验，可以自行设计每次拉长的长度和拉长的次数，看看弹簧测力计的变化，将实验数据记入自己设计的表 26-3。

表 26-3

实验数据

根据测量数据完成表 26－1、表 26－2 和表 26－3。

实验结论

对比上面的数据，你能发现什么规律吗？

______

______

知识充电站

上面的实验中，我们用到一个非常重要的实验器材弹簧测力计。图 26－6 中有条形盒式测力计、圆筒式测力计和平板式测力计。不难发现，弹簧测力计也是利用弹力来制作的。它的作用就是测量各种力的大小。当被测量的物体(如上面实验中的橡皮筋)处于静止状态时，橡皮筋的弹力和弹簧测力计给橡皮筋的拉力处于平衡状态，即这两个力大小相等、方向相反。此时，这两个力的大小就能从弹簧测力计的示数读出。

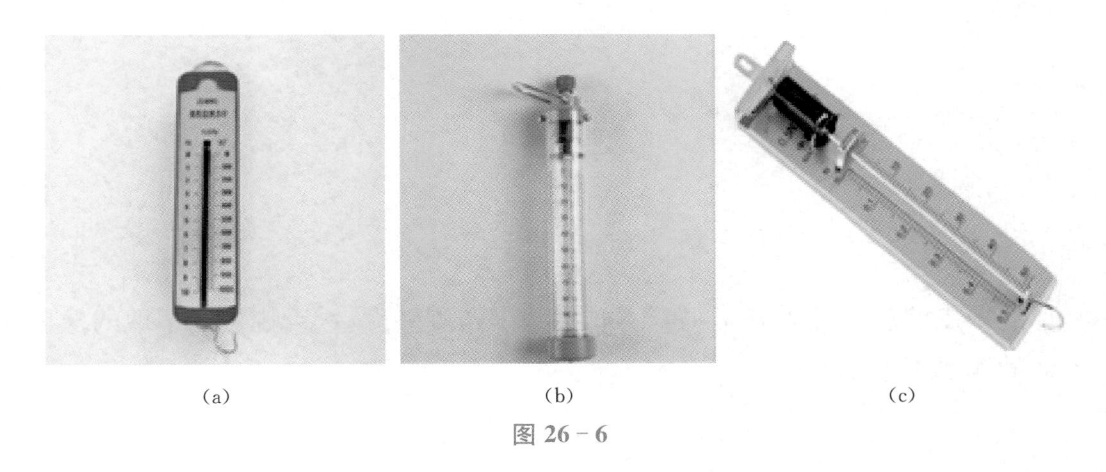

(a) (b) (c)

图 26－6

探索 X 世界

自制橡皮筋测力计

实验目的

制作一个简易的橡皮筋测力计。

实验器材

橡皮筋，细铁丝，硬纸板，尺子，标准弹簧测力计。

实验方法

(1) 在硬纸板靠上方的位置打一个小洞，将细铁丝穿过小洞，固定一根橡皮筋。

(2) 让橡皮筋自然下垂，在中下部用细铁丝框定在纸板上。注意要留有一定余量，能够让橡皮筋方便伸缩。

(3) 在硬纸板上做受力大小的标记：①在橡皮筋自然下垂的最下端旁边画一个标记，并注明 0 牛；②将硬纸板水平放置，并在橡皮筋末端挂上一个标准弹簧测力计，水平拉伸至测力计示数显示为 1 牛，在此时橡皮筋末端位置旁边画一个标记，并注明 1 牛；③重复②分别标出 2 牛、3 牛、4 牛等(图 26－7)。

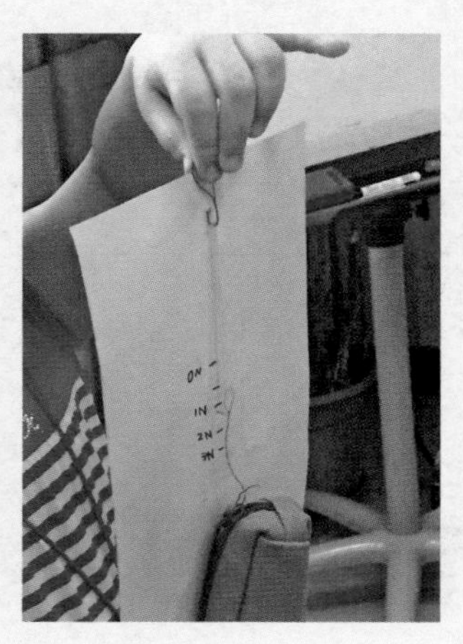

图 26－7

实验结果

将你自制的橡皮筋测力计照片贴在下面。用这个自制的橡皮筋测力计测量其他物体的受力情况，与标准弹簧测力计的测量进行对比，看看自制的橡皮筋测力计的计数是否准确。

你的橡皮筋测力计做好了吗？不妨找些东西测一测，看看哪位同学做的橡皮筋测力计的测量更准确。

知识充电站

肉眼看不到的弹性形变

瑜伽球、橡皮筋等物体的形变易于观察，同时也能测量出它们发生弹性形变时产生的弹力大小。如果你以为弹力只是这么简单，那你就错了。实际上，弹力无处不在。

如图 26 - 8 所示，汽车停在路面上，书本放在书桌上，路面和书桌给汽车和书本的支持力是从哪里来的？用很粗的绳子拉着东西走，绳子给被拉动的物体的拉力又是从哪里来的？其实这些都是弹力作用的结果。路面、书桌和绳子都发生了形变，只不过这些物体发生的弹性形变非常小，只有借助仪器才能让我们看到。

（a） （b）

图 26 - 8

专题 27

大气的魔力

猜想跷跷板

把一个苹果放在手上，能够感受它的重量，苹果对手有压力；用扁担挑水时，能够感觉到担子的重量，知道担子对肩膀有压力。

人们从一出生就生活在厚厚的大气层之中，大气看不见、摸不着，那么它是否对浸在其中的物体有压力作用？如果你觉得有，请举例证明；如果没有，又怎么来证明？说说你的想法。

____

____

探索 X 世界

地球上的生物（包括人类）从出生开始就生活在地球表面的大气层底部，我们早已习惯周围存在的大气。除了偶尔大风光顾，我们几乎感受不到大气的力量。下面3个小实验证明大气“有力量”。

下落的试管

实验目的

体会大气压力。

实验器材

一大一小两根试管，水。

实验方法

(1) 在大试管中装满水。

(2) 将小试管封闭端插入大试管，小试管的一端要进入大试管一段距离。注意不要留有气泡。

(3) 将大试管翻转，注意观察小试管的运动方向(图 27-1)。

图 27-1

实验现象

你看到的实验现象和想象中一致吗？把看到的实验现象记录在下面：

______

______

现象解释

看到这么奇特的现象，你能不能试着解释其中的原理？

______

______

当把大试管翻转过来后，小试管有没有掉落下来？小试管受到重力作用，将它竖直向下拉动，那么是什么力抵消了重力的作用？想一想，我们讲的可是大气压力。

______

______

不肯分开的吸盘

实验目的

体会大气压力。

实验器材

多个塑胶吸盘，水，凡士林，面粉，植物油。

实验方法

(1) 将两个塑胶吸盘压在一起，排出其中的空气。

(2) 让两个同学从两边用力拉扯吸盘，看看会发生什么现象。

(3) 将一个吸盘吸在玻璃窗上，让一个同学来拉，会出现什么情况？

(4) 如果吸盘吸不住，想想能用什么办法来增加吸力？

(5) 将吸盘吸到别的表面(如墙面、桌面),会出现什么情况(图 27－2[①])?

实验现象

你发现吸盘的力量了吗?写下你的观察结果。

图 27－2

现象解释

这些实验现象究竟是怎么回事,你能解释一下吗?

我们还是从吸盘的受力出发,分析是什么样的作用抵消了你的拉力?

吸盘怎么会吸得这么紧?有没有容易的办法将它们分开?

纸片托水

当有同学口渴想喝水时,你用倒扣着的玻璃杯装满水递给他,他一定会非常吃惊。水难道不会从倒扣的玻璃杯中流出来吗?

实验目的

体会大气压力。

实验器材

玻璃杯,水,硬纸片,A4 纸,塑料片。

实验方法

(1) 在玻璃杯中注满水。

(2) 用一张硬纸片盖在杯口。

(3) 用手按着纸片把玻璃杯倒转过来。

(4) 将手慢慢移开,观察会出现什么现象(图 27－3)。

图 27－3

① 图片来源:http://item.jd.com/1185281.html。

(5) 换成 A4 纸或塑料片来做这个实验，观察会有什么不同现象发生。

实验现象

____

____

现象解释

____

____

如果将杯子转向各个不同的方向，水会流出来吗？为什么？

____

____

知识充电站

做了上面的 3 个实验，大家想必已经对大气压力有了切身的体会。我们生活的地球被一层厚厚的大气所包围，这就是大气层。大气就是通常所说的空气，主要是由氮气和氧气组成，还包括二氧化碳、水蒸气等一些含量较低的气体。人类生活在大气层的最底部。如同浸在水中的物体都要受到水的压强一样，大气受重力的作用且具有流动性，因此浸在大气中的物体会从各个方向受到来自大气对它的压力。单位面积上的大气压力称为大气压强，简称“大气压”。

探索 X 世界

了解了大气压的知识，我们现在试着应用它来玩一个小游戏。

水中取物

游戏目的

应用大气压解决问题。

游戏道具

盘子，水，硬币，一个小杯子，纸条，火柴，铁丝。

游戏方法

向盘子里注入一定量的水，把一枚硬币投入水中。在不将水倒掉也不将手弄湿的情况下，请你将硬币取出来。

几个同学一组，看看哪个组能最快完成任务。

这个游戏的关键是什么？不弄湿手的方法能不能是将盘子里的水收集到某个容器中，从而将硬币暴露出来？能用什么办法来收集盘子里的水？能不能利用一下我们刚学过的大气压？有人说燃烧可以消耗氧气，减小气压，这种说法对吗？

将你的方法画在图 27－4(b)中。

(a)　　　　(b)

图 27－4

你这样设计用到什么原理？

____

____

集思小擂台

了解大气压的知识，可以帮助我们理解生活中很多常见的现象。比如，我们常用吸管来喝饮料(图 27－5(a))，此时吸管起到什么作用？饮料真的是被“吸”进嘴里的吗？你用过微波炉加热食品吗？你是否注意到盒盖上那个可调节的小孔(图 27－5(b))？这个小孔有什么作用？为什么注射器能将药水吸进去(图 27－5(c))？我们知道大气存在压强，而且大气压还很大，那么为什么大气没有将我们“压瘪”呢？

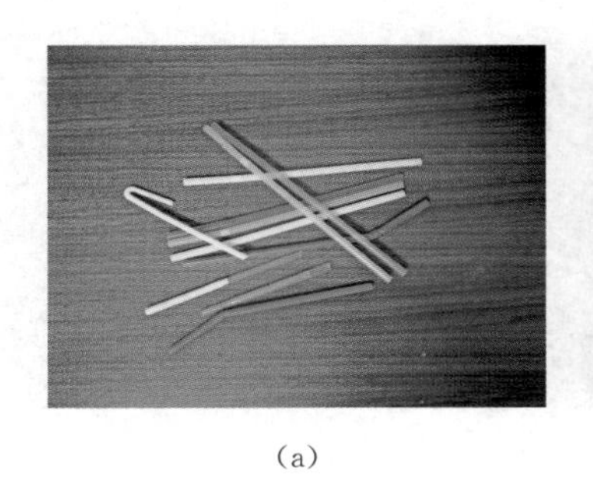
(a)

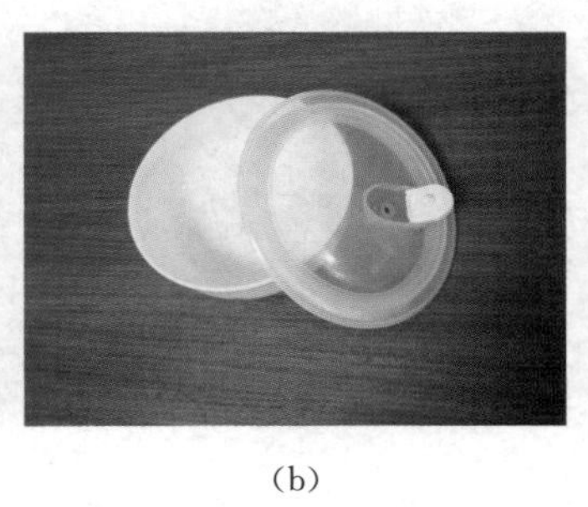
(b)

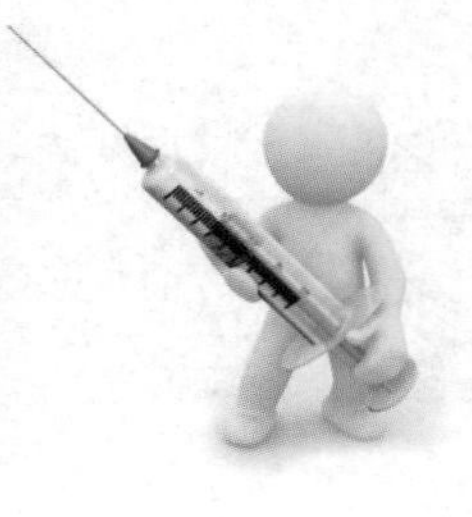
(c)

图 27－5

知识充电站

大气压无处不在。事实上，我们每个人每一秒钟都在利用大气压，那是因为我们每个人每时每刻都在呼吸。

在人体内，胸腔和腹腔之间有一片膈肌，它可以上下运动。当人吸气的时候，膈肌下沉，胸腔的体积就会扩大，内部的压强随之变小，小于外界大气压，于是在大气压的作用下，空气就流入肺部。反之，人要呼气的时候，膈肌向上运动，胸腔的体积减小，加大胸腔的气压，就把空气压出肺部。

了解了呼吸的原理，让我们用一个空的塑料瓶、几个气球、几根皮筋，加上剪刀等工具，做一个呼吸模拟器。做好这个仿生的呼吸模拟器，你能利用它来做些什么并为日常生活服务？

思　考

图 27－6 模拟的是呼吸时膈肌运动引起肺泡变化的情况。

(1) 图中气球代表的是________，瓶底的橡皮膜代表的是________。

(2) 表示吸气状态的是图________，表示呼气状态的是图________。

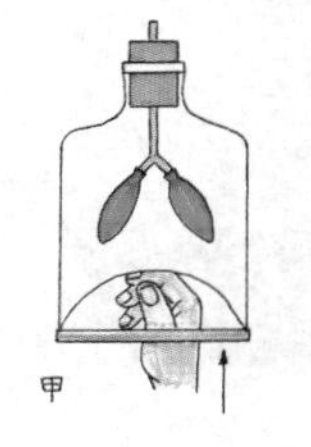

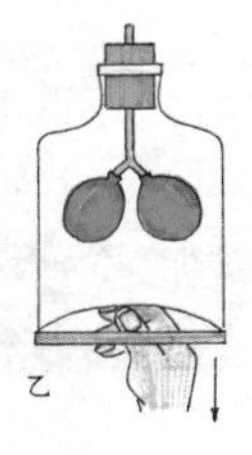

图 27－6

专题 28

筷子的神力

“一根筷子轻轻被折断，十双筷子牢牢抱成团。”这句话告诉我们，一个人的力量非常有限，但把大家的力量集中后就会变得非常强大，所以，无论是在生活还是在学习中，我们都要团结他人。但是你相信吗？一根筷子也可以有强大的力量，在不借助其他工具的情况下，它竟然可以把一瓶敞口放置的米牢牢提起来(图 28－1)！

(a)　　(b)

图 28－1

猜想跷跷板

看了图 28－1，你是不是觉得很神奇？其实我们自己可以试一试。在尝试的过程中，请思考提起米的力量到底来自哪里？

善于观察生活的同学一定会发现：用手推一下玩具小车，小车前进一段时间后就会停止(图28－2(a))；体操运动员开始比赛前要在手上涂有白色粉末(通常称为镁粉)(图 28－2(b))；专业跑步或踢足球的运动员参加比赛时都会穿上钉子鞋(图 28－2(c))……这样的现象还有很多，你知道这是为什么吗？

(a)

(b)

(c)

图 28－2

探索 X 世界

是谁在作怪

实验目的

探究阻碍两本书被拉开的作用力。

实验器材

两本 16 开的普通纸书籍、两本 32 开的普通纸书籍、两本 16 开的铜版纸书籍。

实验步骤

(1) 把两本 16 开的普通纸书籍打开，将它们叠加放置。请两位同学从两侧各握住一本书，分别向两边用力将两本书拉开，体会一下用力的大小。

(2) 将这两本书的第 1 页互相交叉放置(图 28－3)，再由这两位同学向两边用力将两本书拉开，体会一下这次用力的大小。

图 28－3

(3) 将这两本书的第 2 页互相交叉放置，再由这两位同学向两边用力将两本书拉开，体会一下这次用力的大小。

(4) 继续将第 3，4，5 等更多的书页依次交叉放置，重复上面的实验，看看这两位同学能不能将这两本书拉开。

(5) 用 32 开的普通纸书籍代替 16 开的普通纸书籍，重复上面的实验，看看这两位同学能拉开多少页数交叉叠放的书。

(6) 用 16 开的铜版纸书籍代替 16 开的普通纸书籍，重复上面的实验，看看这两位同学能拉开多少页数交叉叠放的书。

实验数据

设计一张表格(表 28-1),记录在实验中观察到和感受到的现象。

表 28-1

叠放纸张数量	16 开的普通纸书籍		32 开的普通纸书籍		16 开的铜版纸书籍	
	是否拉开	用力大小	是否拉开	用力大小	是否拉开	用力大小

实验结果

哪两本书籍最难被拉开？叠放纸张的数量会影响拉动的力度吗？请思考其原因。

____

____

实验思考

在上面的实验中,你是如何描述用力大小的？是用“较小”、“较大”、“很大”、“非常大”这些词汇吗？你有办法更精确地描述用力的大小吗？

集思小擂台

图 28-4 是卡车拉书的实验,那本拉断的书说明什么？大家能够体会到想要将两本

(a)

(b)

(c)

图 28-4

书页交叠放置的书籍相互拉开需要多大的力气了吗？阻止你将两本书拉开的是什么作用力？如果将两本书平放在桌面上不去拉动的话，这个力还存在吗？这个阻碍两本书被拉开的力与之前所说的能让筷子将米提起、能让小车停下的力有什么异同？开动脑筋，相互讨论，说说你的想法！

____

____

知识充电站

前面所说的那些能够阻止两本书被拉开，能够让筷子将米提起，以及能够让小车自己停下的力，在物理学上叫做摩擦力。所谓摩擦力，就是指阻碍物体相对运动或相对运动趋势的力。它的特点是与物体相对运动或相对运动趋势的方向相反。摩擦力与人类的生活息息相关，是一种不可缺少的力。有时摩擦力的存在给我们带来帮助，有时也会给我们带来一些麻烦。你能不能举出身边一些摩擦力的例子？

____

____

我们知道了摩擦力，也从前面的实验中体会到摩擦力的巨大。对于摩擦力，我们才刚刚了解冰山一角。摩擦力包括静摩擦力、滑动摩擦力、滚动摩擦力等。

静摩擦力是两个发生接触和挤压的物体，在外力作用下只发生相对滑动趋势，而未发生相对滑动时在其接触面产生的阻碍物体发生相对运动的力。如图 28－5(a)所示，小朋友推地面上的桌子，桌子未发生移动，这时在桌子与地面之间的接触面产生的力就是静摩擦力。

滑动摩擦力是一个物体在另一个物体表面滑动时，受到阻碍滑动的力。如图 28－5(b)所示，用扫帚扫地时，地面对扫帚产生的力就是滑动摩擦力。

滚动摩擦力就是一个物体对在它表面上滚动的物体产生的摩擦力，如图 28－5(c)所示。

(a)

(b)

(c)

图 28－5

猜想跷跷板

现在你应该知道，体操运动员往手上涂抹镁粉和田径、足球运动员穿钉子鞋，都是为了增大摩擦力。摩擦力的大小和什么因素相关呢？结合之前拉开交叉叠放书籍的经验，请你先猜猜。

猜测结果：

____

____

探索 X 世界

探究影响滑动摩擦力的因素

因为摩擦力的种类较多，影响因素也各有不同。我们先从滑动摩擦力入手，用控制变量法来检测影响其大小的因素。

研究目的

探究影响滑动摩擦力大小的因素，以及它们和滑动摩擦力大小的关系。

研究器材

长木板，两块大小相同的木块、金属块，长玻璃，毛巾，线绳，弹簧测力计，砝码或其他小重物。

研究步骤

请利用所给的研究器材，用控制变量法设计实验步骤，检测影响滑动摩擦力大小的因素(图 28－6)。

图 28－6

你认为哪些因素可能影响摩擦力的大小？如何改变这个因素，来判别它对摩擦力大小的影响？在改变这个因素的同时，是不是需要将其他实验条件都固定不变，以防止它们对摩擦力大小产生影响？

(1)____；

(2)____；

(3)____；

(4)____；

(5)____；

(6)____。

实验数据

大家可在下面的空白处自行设计表格，测量并记录实验数据。

研究结论

____

____

知识充电站

实验结束了，你总结出影响滑动摩擦力大小的因素了吗？从自己亲自设计并操作完成的实验中总结物理规律，这可是伟大的物理学家做的事情！你不为自己感到骄傲吗？

________能够影响滑动摩擦力的大小，且________越________，滑动摩擦力越________；

________能够影响滑动摩擦力的大小，且________越________，滑动摩擦力越________；

________能够影响滑动摩擦力的大小，且________越________，滑动摩擦力越________。

除此之外，你觉得还有什么可能影响滑动摩擦力大小的因素，能想办法证明吗？

____

____

集思小擂台

如何巧取拔河比赛胜利

大家都参加过拔河比赛，拔河比赛中什么样的队伍容易获胜？你一定会说是力气大的队伍获胜。真的是这样吗？

让我们一起用科学的方法来分析。对拔河的两队进行受力分析可知，两队拉绳子的力其实是一对大小相同、方向相反的相互作用力（图 28－7）。每队队员在水平方向上受到的力只有拉力和摩擦力，当拉力大于最大静摩擦力时，才会被拉动。因此，与地面的摩擦力大小在很大程度上决定了每队的输赢，也就是说，想要赢得拔河比赛，要通过增大队员与地面的摩擦力来实现！

图 28－7

那么，如何增大队员与地面间的摩擦力呢？大家可以讨论后，以小组为单位开展拔河比赛，验证一下你的想法。

专题 29

水中不灭的蜡烛

如图 29－1 所示，五彩缤纷的热气球从天空飘过，让人忍不住想坐上去呼吸高空中的空气，抚摸触手可及的蓝天白云；海面上的舰艇看起来庄严无比，最想乘上它跟辽阔的大海打声招呼；躺在死海的海面上看报纸而不用套游泳圈，看上去像是比躺在床上还要惬意！

(a)

(b)

(c)

图 29－1

热气球为什么会飞上天，轮船为什么能在大海中自由航行，人又为什么能不借助游泳圈就漂浮在死海的海面上……这些现象应该如何解释？现在就让我们展开一段新的探索航程。故事要从一只小小的蜡烛说起。

探索 X 世界

蜡烛何时能够熄灭

在你面前放着一只点燃的蜡烛（图 29－2），想要熄灭这根蜡烛上跳跃的火焰，你会用到什么办法？

大家一起想了各种办法熄灭蜡烛的火苗，其中有一种办法是利用水能灭火的原理，用水浇灭燃烧的火苗。那么大家想想看，如果不把水浇在蜡烛上，而是让燃烧的蜡烛竖直放入水中，蜡烛会慢慢熄灭吗？我们现在就来试一试，如果在实验中有各种很难克服的问题，提出来请大家一起来讨论和解决。

图 29－2

实验目的

检测蜡烛何时能够熄灭，研究背后的物理学原理。

实验器材

烧杯，蜡烛，3 个图钉，火柴，水。

实验步骤

(1) 在烧杯中注入 2/3 的水。

(2) 将蜡烛垂直放入水中(图 29－3)。为了让蜡烛不发生倾倒，可以用细铁丝弯成环套住蜡烛(注意不要套紧)，将铁丝两端固定在烧杯壁上。

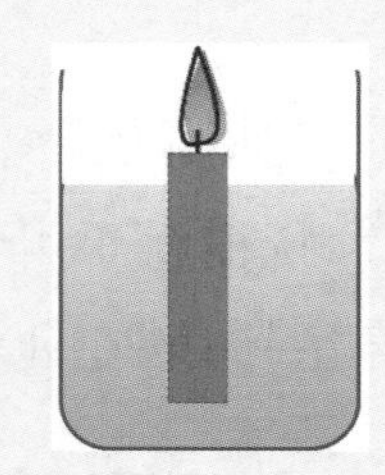

图 29－3

(3) 点燃蜡烛。

(4) 观察燃烧过程中蜡烛何时会熄灭。

实验结果

______

______

通过实验可以知道蜡烛会在什么时候熄灭，这是为什么呢？请大家各抒己见、互相讨论，记录下主要讨论结果：

______

______

下面我们进行深入研究，看看有没有办法让蜡烛提前熄灭？请利用实验材料里提供的图钉，设计一个让站立在水中的蜡烛提前熄灭的方法。

蜡烛的火苗遇到水就会熄灭，怎样才能让火苗浸入水中呢？如果在蜡烛上钉入图钉，图钉要钉在什么位置效果最好？画出你的设计方案。

研究结果

______

______

知识充电站

在刚才的实验中，你不难发现蜡烛一直在燃烧，直到把所有的蜡都烧完火才会熄灭。因为不管蜡烛怎么燃烧，它都会漂浮在水面上，因而火焰总是在水面上方、不会熄灭。即便蜡烛烧得只剩下很小的一节，它也不会沉入水中。这如同我们开始提到的飘在空中的热气球、浮在海面上的舰艇和躺在死海海面上的人，都是因为受到来自空气或海水浮力的缘故。所谓浮力，就是指浸在液体或气体里的物体受到液体或气体竖直向上托的力。

集思小擂台

漂浮在水面的物体会受到浮力，那么，如果一个物体沉入水底，它还会受到水的浮力吗？

探索 X 世界

沉入水底的物体还会受到浮力吗

研究目的

探讨沉入水底的物体是否受到浮力的作用。

研究器材

烧杯，砝码，石子，水，细线绳，弹簧测力计。

研究方法

请根据提供的器材，自己设计实验完成研究（图 29－4）。

图 29－4

你能用上述材料检测出砝码等物体在空气中所受的力吗？如果把这些物体浸入水中，它们受到的力会发生变化吗？如果发生变化，说明了什么？反之又能说明什么？

____

____

研究结果

物体沉入水底还会受到浮力的作用吗？你的结论：

____

____

猜想跷跷板

我们已经了解一些浮力的现象。可是浮力到底与什么因素有关？请把你认为与浮力大小有关的因素列举在下面：

____

____

探索 X 世界

一　漂浮的鸡蛋

研究目的

探索物体受到的浮力与哪些因素有关。

研究器材

烧杯，鸡蛋，水，盐。

研究步骤

(1) 在烧杯中注入 2/3 容积的水。

(2) 将一枚鸡蛋放入水中，记录鸡蛋的状态。

(3) 在水中放入一点盐，看看鸡蛋是否能漂浮起来。

(4) 如果鸡蛋不能漂浮起来，就再加入一点盐，直到鸡蛋能够悬浮在水中。

(5) 再向水中加入一点盐，直到鸡蛋能漂浮在水面上(图29-5)。

图29-5

研究结果

根据以上的结果，请与同学们相互讨论，影响鸡蛋所受浮力的因素是什么？

____

____

进一步研究的课题

(1) 在什么情况下，鸡蛋既不沉底也不漂浮在水面上，而是可以悬浮在水中间？如何能够调节盐水一次成功？

____

____

(2) 在盐水中，鸡蛋冒出水面的高度与鸡蛋高度之比的最大值是多少？它与什么因素相关？如何能够尽量准确地测出鸡蛋冒出水面的高度？在没有进行实验测定之前，你能够通过测量和计算，预测出鸡蛋冒出水面的高度与鸡蛋高度之比的最大值吗？

____

____

二 浸入水中的物体

研究目的

探索物体受到的浮力与哪些因素有关。

研究器材

烧杯，水，相同体积的木块、玻璃块、铁块，弹簧测力计。

研究步骤

(1) 用弹簧测力计分别测量木块、玻璃块、铁块的重量，并记录数据。

(2) 在烧杯中注入2/3容积的水。

(3) 将木块投入水中，观察其是否漂浮于水面，并分析其所受浮力。

(4) 将玻璃块和铁块分别投入水中，并用弹簧测力计测量要让这些物体悬浮于水中，还需施加多大的拉力(图 29－6)，进一步分析其所受浮力。

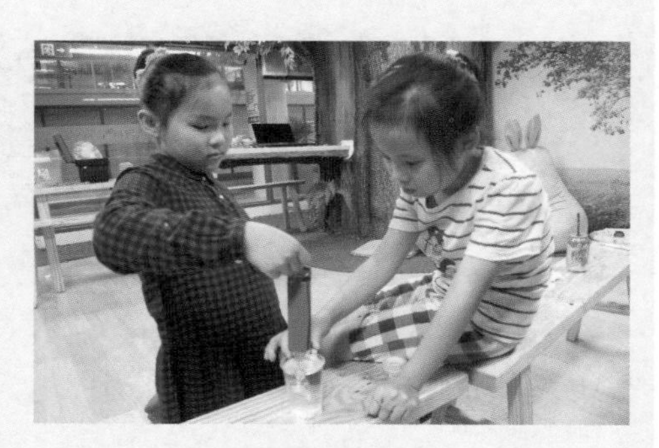

图 29－6

实验数据

请记录所得的实验数据(表 29－1)，并计算 3 种物体所受浮力的大小。

表 29－1

物体	是否漂浮	重力(牛)	水中弹簧测力计读数(牛)	浮力(牛)
木块				
玻璃块				
铁块				

根据以上实验结果，请与大家讨论，影响这些物体所受浮力的因素是什么？

研究结果

____

____

穿越时空

笛卡儿的浮沉子

勒内·笛卡儿(1596—1650)，法国哲学家、科学家和数学家

图 29－7

科学家有一双善于观察的眼睛和一个高速运转的大脑，法国科学家笛卡尔也不例外(图 29－7)。他观察并利用大气压力和浮力制作了一种“笛卡尔浮沉子”装置，可以用来演示液体的浮力。潜艇之所以能够在水下升降，利用的就是浮沉子的原理。

在《创造性物理实验》[①]一书中，有关于笛卡尔浮沉子的介绍，你能够理解文中的描述吗？知道实验成功的关键是什么吗？

① 参考文献：方鸿辉、刘贵兴，《创造性物理实验》，上海：上海科学普及出版社，1999 年。

知识充电站

取一只大一些的无色大口玻璃瓶，内盛清水，水面距瓶口约 1 厘米。另取一只直径约为 1.5 厘米的无色薄壁小玻璃瓶，瓶高最好在 8 厘米左右，装入 1/2 容积的清水。用大拇指揿住小瓶口，开口朝下地浸入大瓶水中。松开手，使小瓶能浮在水上。再取一块从气球上剪下的橡皮薄膜，覆盖住大瓶口，并用细线扎紧、勿使漏气，如图 29 - 8(a)所示。这时我们可观察到：小瓶浮在水面上；当用手指向下压橡皮薄膜时，小瓶自动沉到水底，如图 29 - 8(b)所示；一旦松开手指，小瓶又浮到水面上来。我们称小瓶为“笛卡儿浮沉子”。

(a)

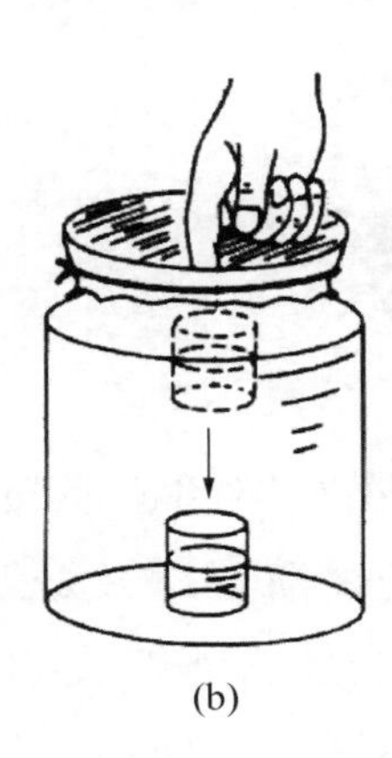
(b)

图 29 - 8

结合所学过的物理知识，你能不能分析浮沉子产生这种现象的原理是什么？你可以自己制作一个浮沉子吗？

如果浮沉子“不听话”，很可能是里面的水装多了或者装少了。请先动脑筋分析是水装多了还是装少了，然后调节水量、继续实验。

专题 30

自由翱翔

猜想跷跷板

你坐过飞机吗？你知道飞机是怎么飞上天空的吗？你可能会说，直升机有螺旋桨。那么，固定机翼的民航客机又是怎么飞上天空的呢(图 30－1(a))？

你知道鸟儿为什么能够飞翔？你可能会说，它们会扇动翅膀。那么，当雄鹰展翅翱翔时，它的翅膀并不扇动，这时它又是靠什么在天空中来去自如(图 30－1(b))？

(a)

(b)

图 30－1

要回答上面的问题，我们先来做个小实验。

探索 X 世界

相互吸引的纸张

实验目的

观察纸张的运动方式，思考其中的原理。

图 30－2

实验器材

两张 A4 纸，剪刀。

实验方法

(1) 左右手各拿一张纸，平行放在嘴角两侧。

(2) 向两张纸中间的空隙轻轻吹气，观察两张纸的运动方式(图 30－2)。

(3) 试着更用力地吹气，观察两张纸有什么变化。

(4) 用剪刀在两张纸中间各剪一个乒乓球大小的洞，再试着吹气，看看有什么实验效果。

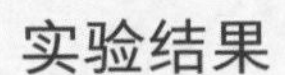

实验结果

将你观察到的现象如实记录在下面：

____

____

向纸张的间隙吹气，为什么会让两张纸聚拢在一起？请你想一想，再和同学讨论，看看能得到什么结论。

____

____

知识充电站

丹尼尔·伯努利(1700—1782)
瑞士数学家、物理学家
图 30－3

让纸张聚拢的原理我们称之为伯努利原理，它是由瑞士的数学家、物理学家丹尼尔·伯努利(图 30－3)在 1726 年提出的。伯努利原理告诉我们，当流体流动时，它的流速加快时，产生的压强会减小。由此压强差产生的压力，叫做伯努利力。

在我们的吹纸实验中，两张纸外侧的空气基本不流动，而纸张间隙中的空气由于有了人为的吹气，流速变得大了起来。根据伯努利原理，纸张间隙处的空气流速相对外侧的空气流速要大，因此纸张间隙处的压强相对于外侧要小。于是外侧的空气就将两张纸向中间挤压，也就形成我们所看到的两张纸会聚拢的现象。

集思小擂台

了解了伯努利原理，我们就可以对身边的很多事情做出解释。比如，在紧张刺激的足球比赛中，优秀的足球运动员会踢出香蕉球、落叶球等运动轨迹不同寻常的好球(图 30－4)。这些好球往往能够成为经典，被球迷们津津乐道。你能根据伯努利原理，解释一下这些球为什么会划出如此奇特又美丽的弧线吗？

图 30－4

香蕉球也好，落叶球也罢，你知道它们有一个共同的特点吗？那就是旋转！在旋转起来的球四周，气体的流速相同吗？气体的压强相同吗？运用伯努利原理应该如何解释？

____

____

再比如，飞速行驶的列车从站台上疾驰而过，车站的服务人员总是会告诫乘客们要向后退，要站在黄色的安全线内，切不可离列车太近，否则会被列车“卷走”(图 30－5)。这又是为什么？你可以解释一下吗？

图 30－5

你在疾驰而过的列车旁，能够感受到列车飞驰带动起来的强大气流吗？怎么用伯努利原理来解释这些气流会把人“卷走”的现象？

____

____

在生活中还有哪些可以用伯努利原理解释的现象？你还能举出一些吗？

____

____

集思小擂台

看图 30－6① 所示的香蕉球分析示意图，有人说他分析“反了”，你认为呢？能不能根据经验或实践调查和观察，分析球的哪边空气流速快？

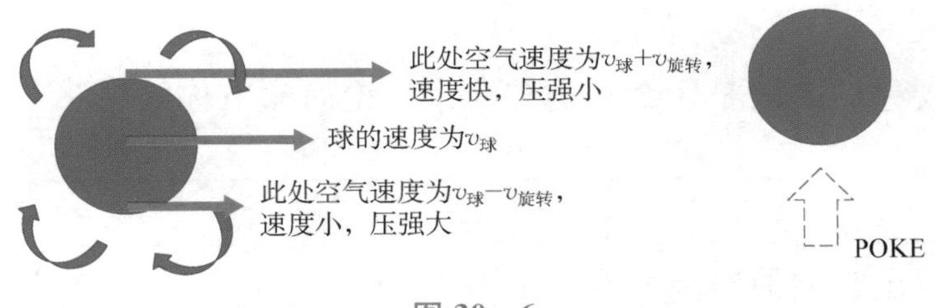

图 30－6

探索 X 世界

不肯离开的小球

通过上面的学习，我们已经对伯努利原理有了初步的认识。伯努利力究竟有多大，它又受什么因素影响？下面我们将进一步探究。

研究目的

感受伯努利力的大小，研究它和哪些因素有关。

① 图片来源：果壳网。

研究器材

导管，打气筒，漏斗，水盆，乒乓球，与乒乓球大小相当的木球和铁球。

研究方法

图 30－7

(1) 将漏斗和导管连接起来。

(2) 对着导管不停地吹气(图 30－7)。

(3) 将乒乓球放置在漏斗喇叭口的位置。松开手，观察乒乓球有什么变化。

(4) 将乒乓球取下，换成木球，看看有什么现象。再换成铁球试一试。

(5) 更用力地吹气，加大气流速度。重复上述实验，看看发现什么现象。

(6) 如果吹气力量不够大，可以换成打气筒来试一试。

(7) 请记录观察到的实验现象：

____

____

实验结果

造成这一现象的原因是什么？请与大家讨论后写下你的想法：

____

____

现在可以得出影响伯努利力的一个因素：即__________越大，伯努利力就越大。那么，还有什么因素可以影响伯努利力？你又应该如何证明？

大家还记得之前做过的鸡蛋漂浮实验吗？我们通过向水中加盐来改变水的哪个参量呢？请大家根据所给材料自行设计实验，研究影响伯努利力的其他因素是什么？

集思小擂台

通过上面的实验，你已经知道影响伯努利力的因素了吧！下面就让我们来总结一下。

影响伯努利力的因素包括：____

__________越__________，伯努利力越__________；

__________越__________，伯努利力越__________；

……

你还有别的想法吗？又应该如何证明？

知识充电站

还记得我们开始提出的问题，固定机翼的民航客机是怎么飞上天空的？雄鹰的翅膀并不扇动，它又是靠什么在天空中来去自如？现在你能回答这些问题了吗？

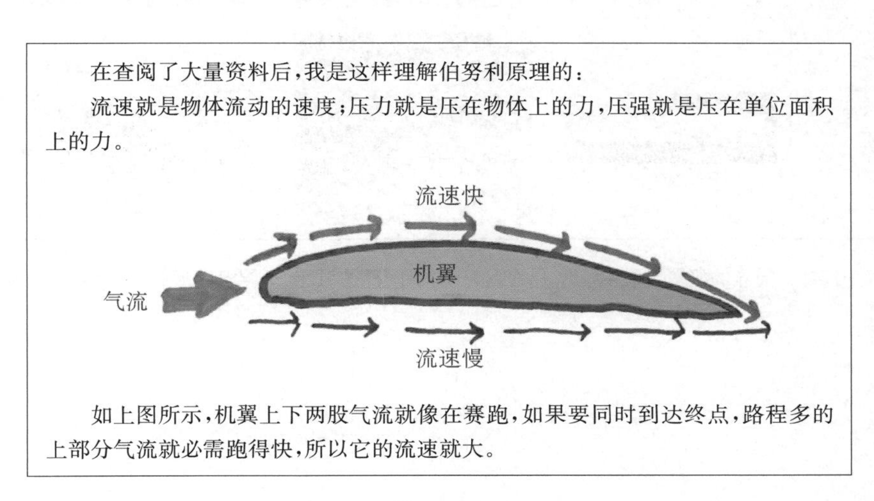

图 30－8

图 30－8 是一位小学生的研究文章，文章的题目就叫《小学生眼中的伯努利》。看了他图文并茂的分析，你是不是觉得很有道理？

让我们仔细观察飞机机翼的横截面。大家很容易发现，机翼横截面呈优美的流线型。这一形状上下并不对称，而是机翼的上半部较下半部要突起一些，也就是说，当空气流过飞机机翼时，上半部气流所走的路线要比下半部长，所以上半部的气流流速就比下半部的要大。根据伯努利原理可以知道，飞机机翼上半部受到的空气压强比下半部要小，因此总体上空气给了飞机机翼一个向上的力。飞机也就是凭借这个力飞上了蓝天。

和飞机机翼一样，雄鹰的翅膀也呈流线型。因此雄鹰在空中翱翔的原理也能用伯努利原理来解释。你能不能把它说清楚呢？

学了这么多的知识，大家有没有想过自己动手设计一架飞机？我们就先从设计机翼开始。上面提到的那位小学生就做过机翼的实验研究，在文章中也告诉大家他的研究结果（图 30－9）。对于他的研究，你是不是觉得很有意思？不过他的研究还有改进的余地，你觉得应该怎样改进呢？

项目 项数	风速	形状	上升高度(测视图)	上升高度(后视图)
1	5.7米/秒	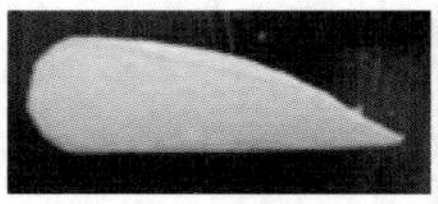		
2	5.7米/秒			
3	13.9米/秒	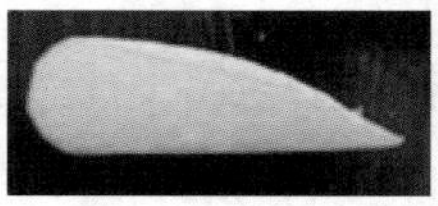		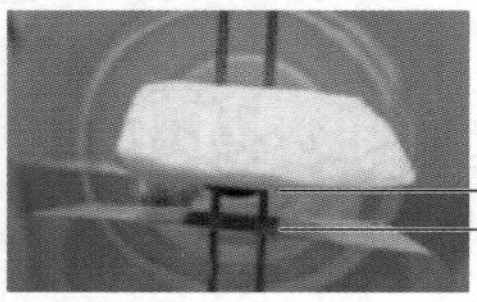 上升高度
4	13.9米/秒		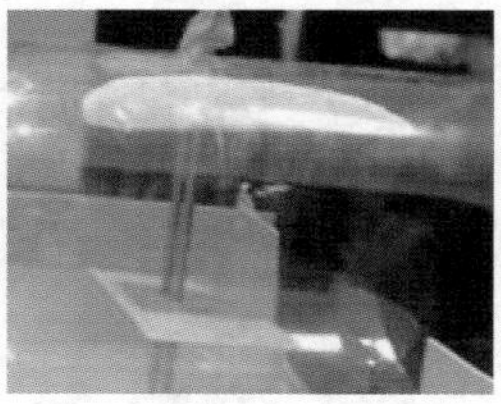	 上升高度

很明显可以看出，对于同样的机翼，风速越大，升力越大；对于同样的风速，不同机翼形状的翼型合理，升力大。

图 30－9

专题 31

喷气小火箭

穿越时空

早在战国时代，《庄子》一书中就有“鹏之徙于南冥也，水击三千里，抟扶摇而上者九万里”的描述，展现出人类对无垠苍穹的向往。广寒宫中，美丽的嫦娥翩翩起舞，洁白的玉兔活泼跳跃。这美丽的神话传说背后，也是中华先民对飞上天空、翱翔环宇的梦想。几千年后的我们，借助现代科技，终于让这一梦想变成现实。1961 年苏联宇航员尤里·阿列克谢耶维奇·加加林成为第 1 个进入太空的人(图 31－1(a))。1969 年，美国的“阿波罗 11 号”成功登陆月球，航天员尼尔·阿姆斯特朗和巴兹·奥尔德林成为历史上最早登陆月球的人(图 31－1(b))。近几十年来我国在航天领域也取得了举世瞩目的成就。从“神舟 5 号”到“神舟 10 号”(图 31－1(c))，我国有进入太空第 1 人杨利伟、在太空行走第 1 人翟志刚、太空授课第 1 人王亚平(图 31－1(d))……我国的太空探索之旅一直在突破。

(a)

(b)

(c)

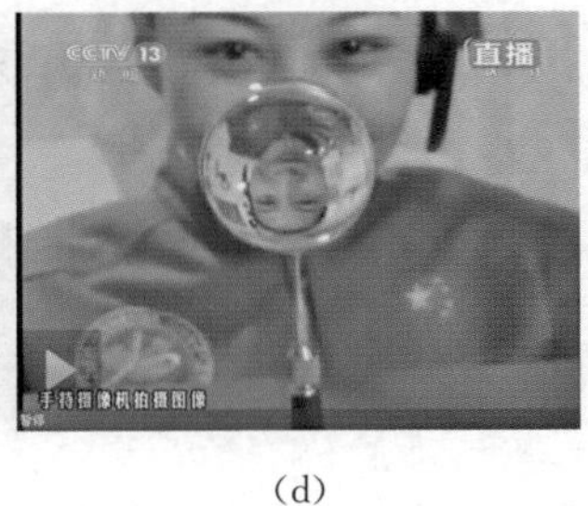

(d)

图 31－1

你想去太空看看吗？你觉得会在太空里看到什么？你知道这些神奇的航天器是怎么发射到太空的吗？

猜想跷跷板

你看过航天器发射的过程吗？我们盯着大屏幕，激动地听着地面控制中心的工作人员在倒计时，随着一声“发射”响起，竖立的火箭腾空而起。接着我们看到火箭一级一级地脱落，直到把卫星运送到预定的轨道。是什么让火箭实现高速升空并一级级加速(图 31－2)？你能猜猜其中的物理原理吗？

图 31－2

探索 X 世界

作用力和反作用力：一对相互作用的力

我们想研究火箭升空的原理，不妨先来做些小实验。

实验目的

感受作用力与反作用力现象。

实验器材

弹簧测力计，橡皮筋。

实验步骤

(1) 实验 1：用力按压桌子，桌子受到什么力？你的手有什么感觉？

(2) 实验 2：站在墙壁边，用力推墙，墙壁有变化吗？你是否感受到墙壁传过来的力？如何解释这种现象？

(3) 实验 3：拿一根橡皮筋套在左右手的两根手指上，并且用力拉(图 31－3)。橡皮筋被拉长，手指被勒出条痕。在这一过程中，你给橡皮筋施加力了吗？它给你施加力了吗？

(4) 实验 4：拉动弹簧测力计，读出示数(图 31－4)。这一力的大小是你施加给弹簧的，还是弹簧施加给你的？

图 31－3

图 31－4

请在研究过程中仔细思考，看看在这些物理场景中，谁是施力者？谁是受力者？它们所受的力有哪些相同点、哪些不同点？

实验结果

根据以上的实验和思考，请填写表格 31－1。

表 31－1

	施力物体	受力物体	施力物体是否受到力的作用	受力者的受力方向与施力者的受力方向是相同还是相反
实验 1				
实验 2				
实验 3				
实验 4				

实验结论

通过上面的 4 个小实验，你能总结出什么结论？请把你的想法写在下面。

____

____

知识充电站

通过探讨、总结和归纳，我们已经知道在力的作用发生时，至少要有两个物体参与，其中一个物体是施力物体，另一个物体是受力物体，而且这两个物体之间的作用是相互的。施力物体对受力物体施加力的同时，也受到受力物体作用于它的方向相反的力。

我们把物体间相互作用的这一对力叫做作用力和反作用力。其中，作用力就是施力物体施加给受力物体的力，反作用力是受力物体回馈给施力物体的作用力。

集思小擂台

我们现在已经对作用力与反作用力有了初步的认识。但是，对于这一对相互作用的力的学习才刚刚开始，你有哪些想要了解或解决的问题？在下面写出你的疑问，与老师和同学交流你的疑问，并讨论如何解决这些问题。

每一个力都有施力、受力的物体，都有方向和大小，这些指标在作用力与反作用力中如何体现？

疑问 1：________________________；

疑问 2：________________________；

疑问 3：________________________。

探索 X 世界

有了这么多的疑问，我们快来一起解决它们，当然我们还是先做有趣的实验。

作用力与反作用力之间关系的研究 1

研究目的

探究作用力与反作用力的方向。

研究器材

如图 31－5 所示的两组球摆：一组是两个相同大小的摆球；另一组是一大(重)一小(轻)两个摆球。

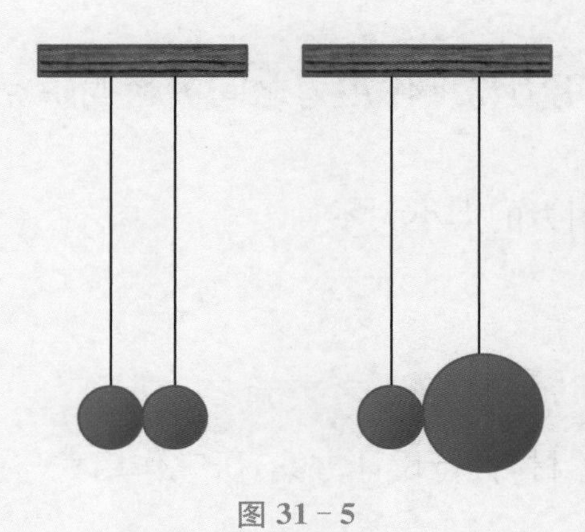

图 31－5

研究方法

利用上述材料，自行设计实验来探究作用力与反作用力的方向。

两个球相撞时产生的相互撞击的力是一对作用力与反作用力吗？撞击结束后两个球各自的运动方向如何？从中可以找出作用力与反作用力方向的线索吗？实验过程中让两个小球做怎样的运动才能相撞？

把你设计的实验方案画在下面。

实验现象

通过观察，你发现第 1 组小球的初始运动方向和碰撞后的运动状况是____；

通过观察，你发现第 2 组小球的初始运动方向和碰撞后的运动状况是____。

研究结果

通过观察，你发现小球碰撞前后运动状况的改变，是因为____。

作用力与反作用力之间关系的研究 2

研究目的

探究作用力与反作用力的大小关系。

研究器材

两个弹簧测力计。

研究方法

根据所给出的研究器材，自行设计方案，研究作用力与反作用力的大小关系。

Tips

如何让两个弹簧测力计产生作用力与反作用力？如何从它们的示数读出作用力与反作用力的大小关系？

实验现象

____

____

研究结果

____

____

集思小擂台

通过上面的实验，我们得到关于作用力和反作用力的很多知识。物理学家牛顿把作用力和反作用力的关系用牛顿第三定律进行总结，你把它描述在下面。

____

____

知识充电站

火箭的前世今生

在中国，“火箭”一词是在公元3世纪三国时代就已诞生的。宋代初期，中国的古人就已发明带有用反作用力参与推动的火箭。明代初年，想利用火箭发射将自己送上天空的“万户”更是广为流传，以至于人们几乎忘记了他的本名“陶成道”，只记住“万户”这个他的官名。万户最终付出生命的代价却没能实现飞天的梦想，让人扼腕叹息的同时，也激发后人不断探索太空技术的斗志。

现代科技给了人们飞天的翅膀。1903年，齐奥尔科夫斯基(图31-6)提出著名的火箭公式(我们将在大学物理中学习)，为火箭发明指出方向。1926年，美国科学家戈达德成功发射了第1枚液体燃料火箭，尽管这枚火箭只飞行了2.5秒。随后的火箭研发就像海浪一波一波地向前推动，到今天火箭技术的发展已经相对成熟，多数采用固态或液态燃料进行推动，多级火箭的发明更是在很大程度上提高了火箭的航程和运载能力。目前，最大的火箭已经能将50多吨的物体送入近地轨道。

齐奥尔科夫斯基(1857—1935)
俄国科学家，现代航天学和火箭理论的奠基人

图31-6

尽管火箭的种类繁多，但是它们的基本原理都是向后喷射，利用反作用力将自身运往太空。这也就回答了我们在开始时提出的问题。

学了这么多火箭的知识，你是不是已经跃跃欲试了呢？图31-7为上海格致中学的哥哥姐姐在进行水火箭比赛。因为火箭向下的冲力越大，火箭受到向上的反冲力也越大，所以水火箭要在火箭中充水和高压气体，有一定的危险性，你要在有经验的老师指导下进行。不过你也可以做气球火箭，同样是利用作用力与反作用力原理。大家比一比，看谁的气球火箭飞得更高。气球火箭要把握飞行方向，要飞得高、飞得远，也是一个值得研究的课题。

图31-7

专题 32

坚固的蛋壳

猜想跷跷板

中国有句俗语，“鸡蛋碰石头”，说的是鸡蛋很容易破碎。想必你也会有类似的体验和认知。和爸爸妈妈一起去菜市场买菜，鸡蛋总是被小心翼翼地单独放置，提着它们回家的路上也不敢有什么磕磕碰碰。在家里，妈妈做荷包蛋时，只要把蛋在碗沿上一敲，“啪”的一声蛋壳便裂开了。大家一定会认为，鸡蛋非常脆弱，经不起一点磕碰(图 32－1)。

(a) (b)

图 32－1

如此脆弱的鸡蛋是不是一捏就碎呢？它能承受的最大压力是多少呢？请你开动脑筋想一想。

探索 X 世界

握鸡蛋比赛

鸡蛋壳究竟能承受多大的压力，我们现在就来做个实验试一试。

实验目的

研究鸡蛋壳的受力情况。

实验器材

鸡蛋，水盆。

实验方法

将一个生鸡蛋放在手掌心，五指一起用力握，看看能不能将鸡蛋握碎。换一个力气大的同学上来握握看，看他能不能将鸡蛋握碎(图 32－2)。

有没有同学握碎鸡蛋呢？有的同学可能会说，“老师，你这个鸡蛋一定经过特殊加工处理，里面是硬硬的，不然怎么会握不碎？”那就请这位同学带着尺子到讲台上，用尺子竖着轻轻敲一下这个鸡蛋的外壳，看看会有什么情况发生。

图 32－2

实验结果

请你将看到的现象如实记录下来，并思考其中的奥秘。

____

____

集思小擂台

想要弄清楚上述实验现象的原因，我们从观察鸡蛋外形开始，一起来探索。

看一看：仔细观察鸡蛋的外形，用手摸一摸、摇一摇，看看鸡蛋有什么特点(图 32－3)。将你的观察结果记录下来。

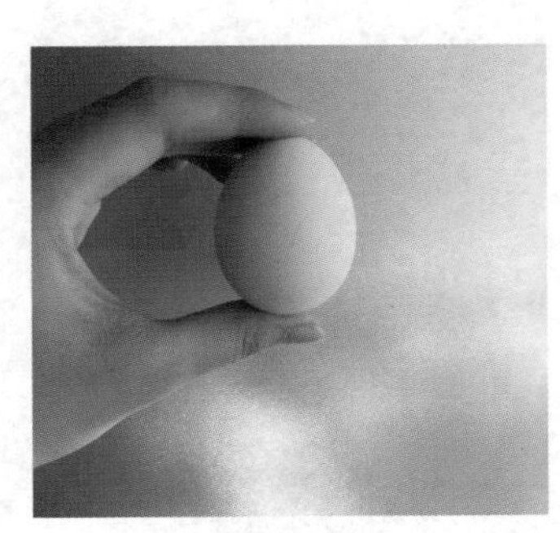

图 32－3

____

____

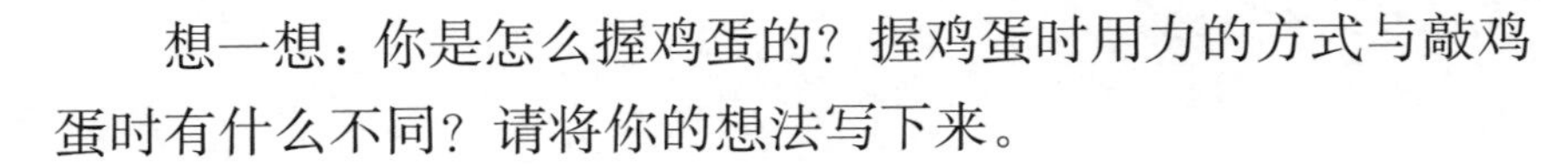

想一想：你是怎么握鸡蛋的？握鸡蛋时用力的方式与敲鸡蛋时有什么不同？请将你的想法写下来。

____

____

画一画：如果你还是不清楚，就请拿起笔，将用手握鸡蛋和敲鸡蛋时鸡蛋壳所受的压力试着画下来，看看它们有什么区别。

(a) 握鸡蛋时　　　　(b) 敲鸡蛋时

说一说：现在你一定有些想法，把你的推理与大家一起分享。请记录下大家不同的观点。

____

____

知识充电站

事实上，当你用整只手来握鸡蛋时，它能承受很大的压力而不破损，其中的秘密就藏在蛋壳的形状中。

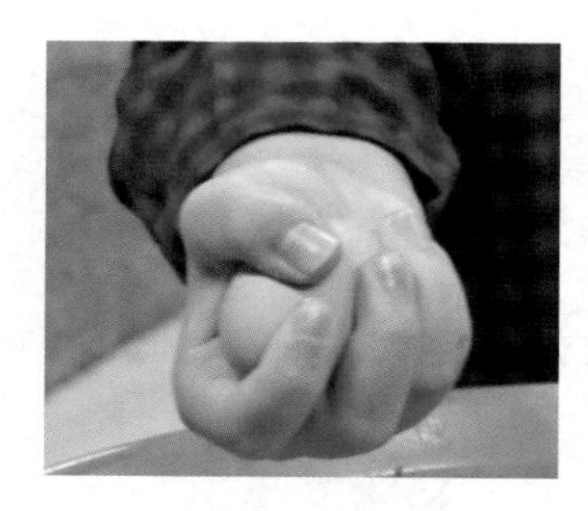

图 32－4

鸡蛋壳是椭圆形的，它是一种拱形结构。当我们用手握住鸡蛋时，手与鸡蛋表面充分接触，鸡蛋受到的压力就会沿拱形结构被均匀地分散到蛋壳的各个部分，并且压力的方向会转化成沿蛋壳内部传播。蛋壳虽然很薄、很脆，但却难以被压缩，即使你用很大的力也不容易被握碎(图 32－4)。

相反，如果是用尺子敲击蛋壳，尺子施加给蛋壳的力就会集中在一点，并且指向鸡蛋内部，因为蛋壳很薄，很难抵挡这个方向的力。因此，鸡蛋很容易被敲碎。

穿越时空

拱形结构的秘密很早就被发现了。不知道你是否听过一首河北民歌《小放牛》？“赵州桥来什么人修，玉石栏杆什么人留……”，优美的歌声称颂的是赵州桥。赵州桥又称安济桥，位于河北赵县洨河上，建于隋代，距今已有 1 400 多年的历史。虽经风霜雨雪，甚至多次洪水地震，但赵州桥依然完好无损，它是世界上现存最早、也是保存最为完整的单孔敞肩石拱桥(图 32－5)。

图 32－5

无独有偶，国外也有利用拱形的伟大壮举。比如，位于罗马市区的万神殿(图 32－6)，建于公元前 25 年的古罗马时期，它的顶部就是圆拱形设计，跨度达 43.3 米，这一记录一直保持到 19 世纪才被超越。

(a) (b)

图 32－6

建于 1962 年的同济大学大礼堂(图 32－7)，40 米净跨的拱形网架结构被誉为当时同种形式的“亚洲之最”，曾获“新中国 50 年上海经典建筑”提名奖，被列入上海市第 4 批优秀历史建筑名单。

(a) (b)

图 37－7

探索 X 世界

“坚强”的鸡蛋壳

为什么拱形结构可以这么稳定？我们继续用鸡蛋壳做实验，看看小小的蛋壳能承受多大的压力。

研究目的

探究鸡蛋壳的承重能力。

研究器材

4 个鸡蛋，剪刀，16 开书本，弹簧测力计，水盆。

研究方法

(1) 把 4 个鸡蛋的蛋液倒出洗净，各取一半的蛋壳。

(2) 用剪刀将蛋壳边缘修剪整齐，将 4 个蛋壳倒扣在桌面上，在 16 开书本的四角位置放好。

(3) 往蛋壳上小心地放书，观察蛋壳是否破损(图 32 - 8)。

图 32 - 8

(4) 如蛋壳无破损，继续将 16 开的书本放置到蛋壳上，直至蛋壳破碎。

(5) 将书本取下，用弹簧测力计称出所有书本的总质量。

研究结果

你的蛋壳能承受多大的重量？

____

____

大家比一比，看看谁的蛋壳最“坚强”。

集思小擂台

做了这么多实验，讲了这么多故事，大家想必对拱形结构的神奇效果有了一定的认识。只是因为在形状上做了小小的改变，居然就会产生这么不可思议的效果。你是不是对力学更加着迷了呢？

其实科学就在我们身边，只要大家认真观察思考、勤于动手实验，就一定会有所收获。比如，你是否注意过隧道的拱顶（图 32－9），是否注意过工人在工地上戴的安全帽（图 32－10）……它们都利用了拱形结构。除此之外，拱形结构在生活中还有哪些应用？

图 32－9

图 32－10

你所发现的拱形结构：

____

____

专题 33

瓶 口 跳 币

猜想蹺蹺板

你喜欢看魔术表演吗？魔术师总能带给大家惊喜，一会儿会变出鸽子，一会儿能变出彩带，更有隔空取物之类令人难以置信的魔术。其实物理学中也有很多不可思议的小魔术！下面我们就来变一个物理小魔术。

图 33－1

这个小魔术名叫“瓶口跳币”。我们先拿来一个空的玻璃瓶，在瓶口涂上一点油，把一枚硬币放在瓶口。然后用力搓手半分钟，突然把玻璃瓶捧住，这时会发生什么现象(图 33－1)？瓶口的硬币竟然会一下跳起来，甚至有可能掉下来。瓶口的硬币怎么会自己跳出来呢？这其中有什么秘密？请你开动脑筋猜一猜。

探索 X 世界

你是不是有点困惑？不要着急，也许下面的实验会给你带来一些灵感。

实验 1：忽大忽小的气球

实验目的

观察气球的变化，思考背后的物理原理。

实验器材

锥形瓶，两个烧杯，小气球，橡皮筋，开水和冷水。

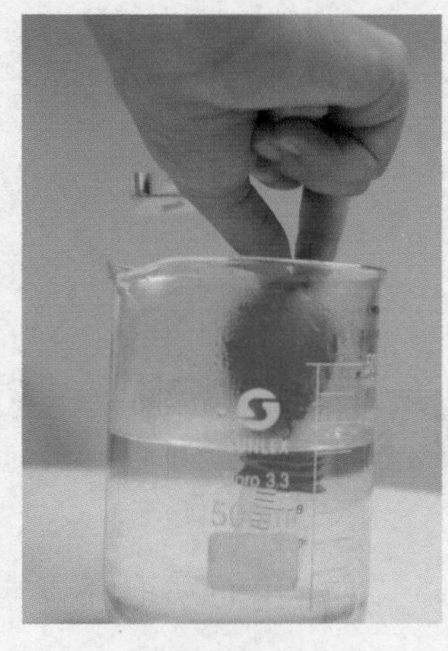

图 33－2

实验方法

(1) 将小气球套在锥形瓶口,并用橡皮筋系紧。

(2) 在两个烧杯中分别装入热水和冷水。

(3) 将锥形瓶放入热水中,观察气球的体积变化(图33－2)。

(4) 再将锥形瓶放入冷水中,继续观察气球的体积变化。

(5) 将锥形瓶再次放入热水中,继续观察气球的体积变化。

实验现象

____

____

实验2:忽上忽下的注射器

实验目的

观察注射器的变化,思考背后的物理原理。

实验器材

注射器,两个烧杯,橡皮泥,开水和冷水。

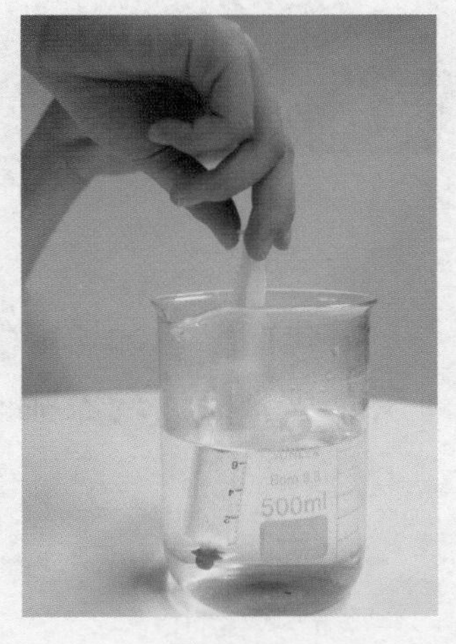

图 33－3

实验方法

(1) 在注射器中保留一半的空气,用橡皮泥将其顶端封住。

(2) 在两个烧杯中分别装入热水和冷水。

(3) 将注射器放入热水中,观察注射器推杆的变化(图 33－3)。

(4) 再将注射器放入冷水中,继续观察注射器推杆的变化。

(5) 将注射器再次放回热水中,继续观察注射器推杆的变化。

实验现象

____

____

做完了这两个小实验,看到了非常有趣的实验现象,你思考过这些现象背后的物理原理吗?可能你注意到,产生以上实验现象的关键是那两杯水,一杯是热水、一杯是冷水。那么,水温的差异为什么能让气球忽大忽小、让注射器的推杆忽上忽下?请你开动脑筋,再和其他同学一起讨论后,写下你的想法。

____

____

知识充电站

现在我们来揭秘。事实上，这些实验现象都是由同一个原理造成的，这个原理就是热胀冷缩。当锥形瓶和注射器中的空气遇到热水时，空气就会____，导致气球变____、注射器的推杆向____移动。相反，当空气遇到冷水时就会____，我们也就看到与之前完全相反的现象。

还记得“瓶口跳币”的小魔术吗？学过热胀冷缩的知识，你应该能给这个小魔术揭秘了吧？

探索 X 世界

我们已经知道空气会有热胀冷缩的现象。那么，除了气体之外，液体和固体有没有热胀冷缩现象呢？我们还是让实验来说话。

实验1：伸缩的蓝墨水

实验目的

探究液体是否有热胀冷缩的现象。

实验器材

蓝墨水，试管，带吸管的塞子，烧杯，冷水和热水。

实验方法

(1) 将试管注满滴有蓝墨水的水，并用带吸管的塞子塞住试管口。

(2) 在两个烧杯中分别装入热水和冷水。

(3) 将试管放入热水中，观察吸管中蓝水的位置(图 33－4)。

(4) 再将试管移入冷水中，继续观察蓝水的位置。

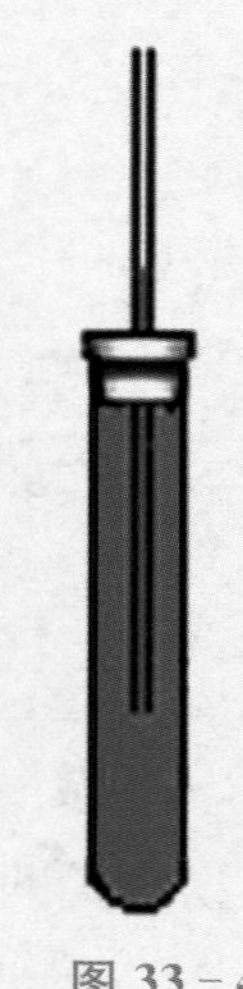

图 33－4

实验现象

____

____

实验2：钻铁环的小球

实验目的

探究固体是否有热胀冷缩的现象。

实验器材

细铁丝，金属小球，酒精灯。

实验方法

(1) 用细铁丝制作一个带把手的圆环，要求圆环的直径略小于金属小球的直径。

(2) 将金属小球放置在圆环上，观察此刻的小球能否穿过圆环(图33-5(a))。

(3) 点燃酒精灯，把圆环放在灯上加热(图33-5(b))。

(a)

(b)

图33-5

(4) 再将小球放置在圆环上，观察这一次小球能否穿过圆环。

实验现象

____

____

知识充电站

请你说说看，热胀冷缩原理是不是普遍存在的？都有哪些物体具有这个性质？

____

之前的实验是否验证了一些材料具有热胀冷缩的特性？你能不能把它们进行归类？它们是固体、气体，还是液体？这些实验能证明这一类或几类物质都具有热胀冷缩的特性吗？如果能，是为什么？如果不能，又是为什么？我们还需要做些什么实验？你可以证明或者推导出什么结论？

集思小擂台

学习了关于热胀冷缩的知识，你能不能试着解释下面的现象，能不能解决生活中的小问题？比如，天气太热的日子，轮胎充气不能太足（图 33－6(a)），这是为什么？如何让捏瘪的乒乓球重新鼓起来（图 33－6(b)）？如何轻松地打开罐头瓶盖（图 33－6(c)）？

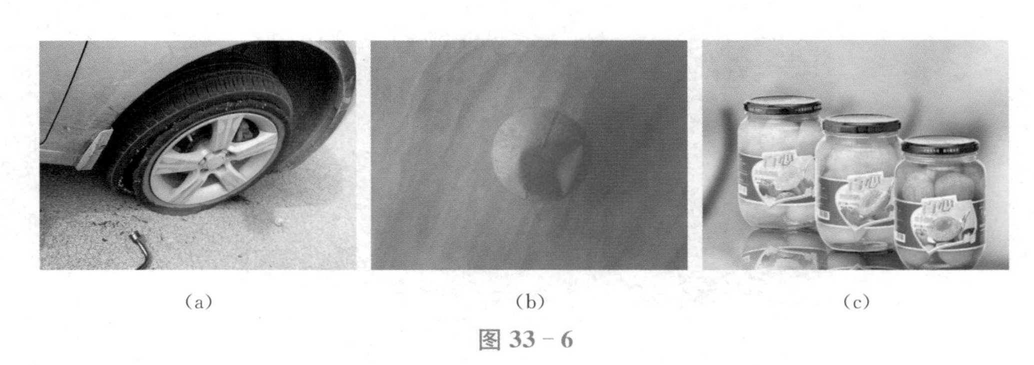

(a) (b) (c)

图 33－6

知识充电站

热胀冷缩的应用：温度计

温度计是日常生活中很常见的器物，它给我们的生活带来诸多便利。温度计的用途多种多样，有寒暑表、体温计、实验用温度计等（图 33－7）。根据所用材料分类，有水银温度计、酒精温度计、煤油温度计、半导体温度计、红外温度计等。其中，水银温度计、酒精温度计、煤油温度计都是利用液体热胀冷缩的原理制成的。

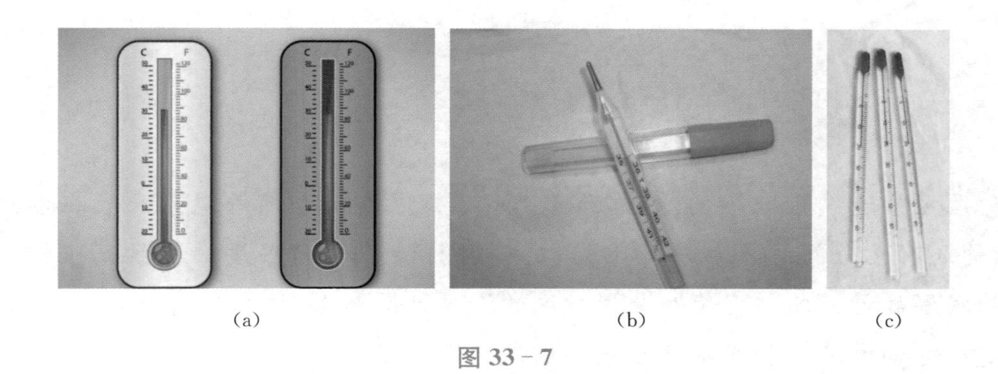
(a)　(b)　(c)

图 33 - 7

以水银体温计为例。水银体温计一般为玻璃管形状，内部管腔较细。在玻璃管的一端烧制一个比管腔容积大得多的玻璃泡，泡内注满水银。测量体温时，体温计内的水银会由于人的体温较高而产生热胀现象，导致管腔内的水银柱变长，通过水银柱的长度和玻璃管上相应的刻度显示人体的体温。

关于水银体温计测量体温的功能，你是否想过，既然是利用水银的热胀冷缩，为什么温度计离开人的口腔或腋下、被读取温度数值（回到室温）时，温度计管腔内的水银柱长度不会缩回去？注意这里有个很巧妙的发明，请仔细观察温度计，试着发现这个秘密。

水银温度计中的水银有毒！千万小心，注意不要打碎水银温度计。

探索 X 世界

你是不是对温度计很感兴趣？我们就来制作一个简易的温度计吧。

简易温度计制作

实验目的

制作简易温度计，进一步认识热胀冷缩现象。

实验器材

小玻璃瓶（含瓶塞），玻璃管（或去掉笔头的空的透明圆珠笔芯），橡皮泥，红墨水，烧杯，酒精，水，冰块，酒精灯，标准温度计，小刻刀，直尺和镊子等。

实验方法

利用所给的实验材料，结合所学的知识，请自己设计制作一个简易温度计。

你已经知道热胀冷缩的原理，那么，可以利用热胀冷缩的现象来表征温度吗？当然，你还有几个问题要解决。比如，选择哪种液体作为温度的指示剂比较合适？如何确定温度计上的刻度值？是用标准的温度计做参考，还是用有确定温度的物体做标准？你知道沸水和冰水混合物的温度分别是多少吗？

把你的想法画成图画，可以辅助你的设计。

专题 34

烧不开的水

猜想跷跷板

从前有座山，山里有一个老和尚和一个小和尚。有一天，老和尚要下山，他担心小和尚贪玩，就将锅里添满水，把一个盛水的盆放进锅里，然后对小和尚说："徒弟，你什么时候把盆里的水烧开了，就可以出去玩。"小和尚听了很开心，生起火很快就把锅里的水烧开了，但奇怪的是：盆里的水烧了很久也不沸腾，一直到老和尚回来他也没能完成任务（图 34－1）。你知道其中的缘故吗？你能有办法烧开盆里的水吗？

图 34－1

探索 X 世界

我们来模仿小和尚烧水，做个实验探究盆里的水烧不开的奥秘。

实验 1：烧不开的水

实验目的

观察小烧杯里的水能不能烧开。

实验器材

一大一小两个烧杯，水，酒精灯，石棉网，铁架台，两支温度计，计时器。

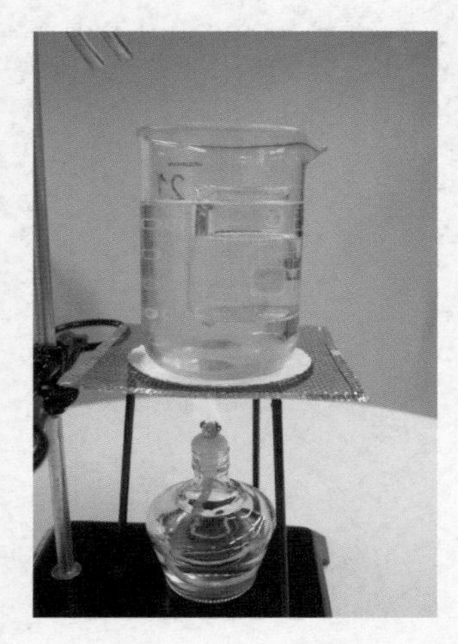
图 34－2

实验方法

（1）按照图 34－2，将石棉网和酒精灯安装好。

（2）将大烧杯放在石棉网上，注入 1/2 容积的水。

（3）在小烧杯中注入 1/3 容积的水，并将小烧杯放入大烧杯中，要保证小烧杯能浮在大烧杯里的水面上。

（4）点燃酒精灯，直到大烧杯里的水烧开（图 34－2）。在此过程中每隔 1 分钟，观察水是否沸腾，用两支温度计分别测量大烧杯和小烧杯里的水温，并记录测得的数据。

（5）继续烧水 2 分钟，观察小烧杯里的水开了没有。4 分钟，6 分钟，……在此过程中，不要忘记每隔 1 分钟记录水温。

实验数据

请将记录的水温数据依次填写到表 34－1 中。表中行数不够的话，可另附表填写。

表 34－1

时间（分钟）	大烧杯		小烧杯	
	是否烧开	水温（摄氏度）	是否烧开	水温（摄氏度）

实验现象

实验最终哪一个或两个烧杯里的水烧开了？

____

____

你是不是也有和小和尚一样的困惑？小烧杯里的水为什么就烧不开呢？我们来用实验研究的方法搞清里面的奥秘，使自己不再困惑。现在有请神秘嘉宾闪亮登场——盐。

实验 2：烧开水的奥秘

实验目的

研究要把水烧开的条件。

实验器材

上述实验的全部器材，盐，玻璃棒。

实验方法

(1) 按照刚才的方法安装仪器。

(2) 在大烧杯里注入 1/2 容积的水，并加入少量的盐，用玻璃棒搅拌使其溶解。

(3) 按照与之前实验相同的方法给小烧杯注水，并开始烧水。

(4) 仍旧是每隔 1 分钟记录两个烧杯里的水温以及水是否烧开。

(5) 持续烧水，看看这次小烧杯里的水是否能烧开(图 34-3)。

图 34-3

实验数据

请将所记录的水温数据依次填写到表 34-2 中。表中行数不够的话，可另附表填写。

表 34-2

时间(分钟)	大烧杯		小烧杯	
	是否烧开	水温(摄氏度)	是否烧开	水温(摄氏度)

实验现象

实验最终哪一个或两个烧杯里的水烧开了？

____

____

集思小擂台

两个小实验做完了，你有没有发现有什么不一样的现象？下面让我们来进行总结。第 1 次大烧杯里的水烧开了吗？________小烧杯里的水烧开了吗？________；第 2 次大烧杯里的水烧开了吗？________小烧杯里的水烧开了吗？________。

是什么原因造成两次实验现象的差别？其实答案就隐藏在我们刚刚填写的数据表中。请仔细分析表 34－1 和表 34－2 的实验数据，提出自己的想法，并且相互讨论，看看谁说得最有道理。提示：注意大烧杯里的水烧开之后的温度。

____

____

知识充电站

你是否注意到，加了盐的水烧开之后的温度比没加盐的水要________。这就是秘密所在！两者温度的差别为什么能导致小烧杯里的水处于不同的状态？

“烧开了”在物理学中被称作沸腾。沸腾是指在液体表面和内部同时发生的剧烈的汽化现象。汽化是指物质从液态变为气态的过程。对于水来说，就是从液态的水变成气态的水蒸气。液体沸腾的温度称作沸点。水在沸腾过程中要吸热，但温度不变，也就是说，会保持在沸点温度。不同液体的沸点不同，对于同一液体，它的沸点也会随外界气压的变化而变化：大气压强越大，液体的沸点就越高。规定在 1 个标准大气压下水的沸点是 100 摄氏度。

在第 1 个实验中，大烧杯里盛放的是水，它的沸点是 100 摄氏度，然后维持在 100 摄氏度不再升高。而小烧杯里的水达到 100 摄氏度后想要沸腾就必须吸收热量。但由于小烧杯外面的水也是 100 摄氏度，两者温度相同，就不能再给小烧杯里的水提供热量，小烧杯里的水也就无法沸腾。相反，在第 2 个实验中，大烧杯里盛放的是盐水，盐水的沸点是大于 100 摄氏度的，它保持在沸点温度时，还是会给小烧杯里的水提供热量，于是小烧杯里的水就能够沸腾。你测得的水沸腾时的温度是相同的吗？

探索 X 世界

我们已经了解关于沸腾的知识，还有哪些与沸腾相关的奇妙现象？我们来看看下面两个有趣的实验。

实验1：纸杯烧水

纸杯可以烧水?！纸张遇火不就烧着了嘛！你是不是不相信？让我们一起来见证奇迹！

实验目的

用纸杯烧水，进一步理解沸腾的原理。

实验器材

一个一次性纸杯，水，三脚架，酒精灯。

实验操作

(1) 将纸杯安放在三脚架上，注入2/3容积的水。

(2) 将酒精灯放在纸杯下方并点燃，注意不要让火苗烧到水面以上的纸(图34-4)。

(3) 耐心等待，看看纸杯中的水能否被烧开。

图34-4

实验结果

你看到什么实验现象？把它写在下面。

____

____

你是否看到了不可思议的现象？这样的现象为什么会产生？请利用前面学过的关于沸腾的知识，想想其中的原因。

____

____

实验2：使水沸腾的冷水

我们都知道，想要水沸腾就得给水加热；如果在沸腾的水中加入冷水，本来沸腾的水也会凉下去。下面这个实验会让大家见识能让水沸腾起来的冷水。

实验目的

进一步理解沸点与大气压的关系。

图 34 - 5

实验器材

圆底烧瓶(含烧瓶塞),水,盛有冷水的大烧杯,酒精灯,铁架台,带长柄的夹子。

实验方法

(1) 按照图 34 - 5,将烧瓶和酒精灯安放在铁架台上。

(2) 在烧瓶内注入 1/2 容积的水。点燃酒精灯,将水烧开。

(3) 等待 2~3 分钟后,停止加热。

(4) 等待烧瓶中的水停止沸腾时,用烧瓶塞将瓶口塞住。

(5) 迅速用夹子夹住烧瓶瓶颈,并将其倒转。

(6) 将烧杯中的冷水倒在烧瓶底部,观察现象。

实验结果

你看到什么实验现象？把它写在下面。

____

____

你是否觉得这个实验很神奇？是什么原因导致这样的实验现象发生？请开动脑筋,想想其中的原因。

____

____

沸点是和压强有关的!

集思小擂台

你看过“油锅静坐”(图 34 - 6)或者“油锅捞物”的表演吗？表演者将手伸入沸腾着的油锅里捞出锅底的物品而没有被烫伤,如果你靠近表演者也许会闻到醋的味道。你能不能结合所学的知识破解其中的奥秘？

图 34 - 6

将你的想法写下来。

____

____

你知道油的沸点吗？在这个温度下人手肯定会被烫伤。但是，人的手能捞出“油”锅底的物品而不被烫伤，是不是说明锅中的液体没有达到油的沸点？如果是这样的话，那么锅中沸腾的现象又是如何产生的呢？

专题 35

舞动的纸蛇

图 35-1

在印度当地，耍蛇是流传千百年的古老行业。耍蛇人吹着笛子，他面前的眼镜蛇左摇右摆，似乎在随着曲调起舞，很是神奇(图 35-1)。其实蛇的听觉系统简单而迟钝，并不可能感知音乐，其摆动只是为了维持自身的自立。

真的蛇不会跳舞，我们来做一条会舞动的纸蛇。

探索 X 世界

舞动的纸蛇

实验目的

制作一条会随着烛火舞动的纸蛇，并研究其中的物理原理。

实验器材

剪刀，蜡烛，纸，笔，线，透明胶带。

实验步骤

(1) 按照图 35-2 在纸上画出一条螺旋形盘绕的蛇。

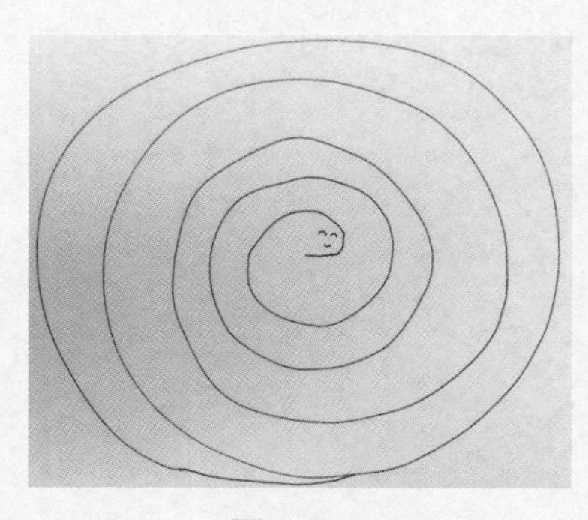
图 35-2

(2) 沿着实线将纸剪成一条螺旋形的纸蛇。

(3) 用胶带把线黏在蛇的头部。

(4) 点燃蜡烛，抓住线的一端将纸蛇放到烛焰上方(图 35-3)。注意保持一定的距离，不要让火把纸蛇点着！

(5) 观察纸蛇，看看会有什么实验现象？

实验结果

将你观察到的实验现象记录下来。

____

____

图 35-3

你的纸蛇会舞动吗？如果不会的话，想想是为什么？如果会的话，记录纸蛇的运动方式。

集思小擂台

你制作的纸蛇是不是真的“舞动”起来？这其中蕴含着怎样的奥秘？可以回想一下，刚刚做好的纸蛇会“跳舞”吗？是不是将它放到烛焰上方，它就会旋转着舞蹈了？难道火焰对纸蛇有什么作用？火焰周围有什么特别之处？请你开动脑筋并相互交流，写下你的猜想。

____

____

你玩过风车吗？风车会转动，是因为什么？风车的转动和纸蛇的舞动有没有相似性？如果说风车的转动是靠空气的吹动，那么，吹动纸蛇的空气又从哪里来？它和下方燃烧的蜡烛是否有关系？

想想用火做实验是不是有点危险？有什么办法可以替代火？

猜想跷跷板

有人利用手心发出的热气，让顶在针尖上的一张小纸片转动起来，你觉得可能吗？

探索 X 世界

简易热气球

对于上面的实验，你有没有发现火焰的奥秘？是否注意到火焰周围会非常热？热能让纸蛇舞动起来吗？我们一起来做下面的实验，看看能不能从中得到启发。

研究目的

观察热气的运动方向。

研究器材

吹风机，较薄的塑料袋。

研究步骤

（1）将塑料袋倒置，再将吹风机伸入塑料袋中，并向其中吹入热气（图 35－4）。

（2）持续几秒钟后，将吹风机拿开。

（3）松开手，塑料袋会怎样？

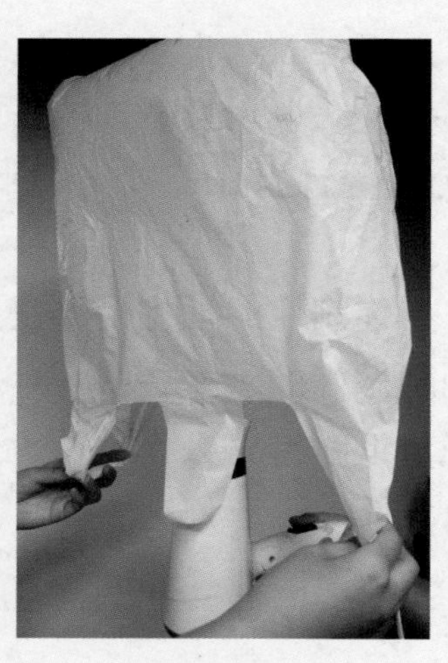

图 35－4

实验现象

你观察到什么现象？请认真地写下来。

____

____

研究结果

通过以上实验，你能得出什么结论？大家一起讨论一下。

____

____

你能再设计一个实验来证明自己的结论吗？

现在，你找到纸蛇能在烛焰上方舞动的原因了吗？说说看吧！

____

____

知识充电站

通过刚才的几个实验，我们发现热空气的“秘密”，即热空气会上升。热空气为什么会上升？气体受热后会发生什么变化？它与冷空气有什么区别？冷空气会怎样流动？

还记得热胀冷缩原理吗？根据这一原理，气体受热后体积会____，密度____。也就是说，相同体积的热空气比冷空气____，因而热空气会上升。与热空气相反，冷空气密度____，相同体积条件下，冷空气比热空气____，因而冷空气会____。

在物理学中，我们把热空气____和冷空气____的这种循环流动叫做对流。对流是气体进行热传递的一种方式。在大气层中，接近地面的空气对流运动最为显著，于是人们将近地面 11 公里高度内的大气层称为对流层。生活中我们最常体会到的气体对流现象就是风。实际上，地面上空大气的冷热程度不同，热空气向上升，升到高空会变冷，而冷空气会下降，补充到上升热空气的空位，这样空气就会循环流动、形成了风。你能试着画出风的空气流动图吗？

集思小擂台

学习了关于冷热空气的知识，你能用这些知识来解释身边的现象吗？比如，夏天打开冰箱，会从里面冒出“白气”？这些“白气”是向上还是向下？从冰箱里拿出来的雪糕也会冒出“白气”，它又是怎样运动的？

关于冷热对流的现象还有很多。比如，现在北方有不少家庭安装地暖（图 35 - 5①），却没有人在家中安装天花板暖，仅仅是因为脚更怕冷吗？冷空调的出风口都比较高，为什么不像地暖和暖气片一样，尽可能装得低一些呢？

---

① 图片来源：百度百科，“地暖”，http://baike.baidu.com/item/%E5%9C%B0%E6%9A%96/416861?fr=aladdin。

图 35－5

猜想跷跷板

观察如图 35－6 所示的地面上空气流动图，请解释风是怎么形成的。

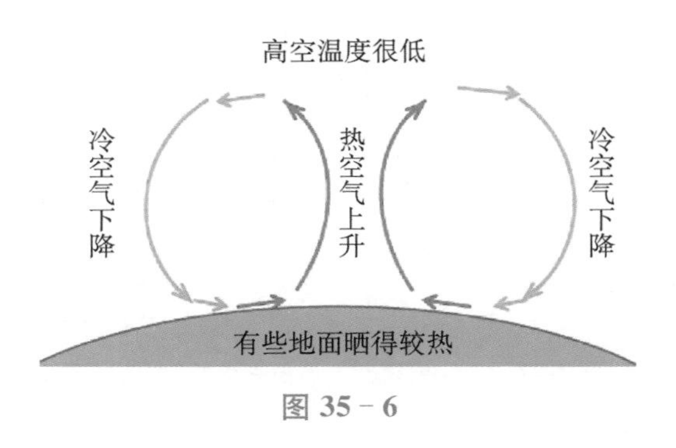

图 35－6

探索 X 世界

图 35－7

通过上面的学习，我们已经知道气体能发生对流。那么，液体是否也会发生冷热对流现象？有人在烧杯中加入水，水中放入两个塑料球，烧杯下点燃酒精灯(图 35－7)。你觉得能够看到液体的对流现象吗？

液体对流

研究目的

研究液体的对流现象。

研究器材

彩色小纸片或塑料球，水，烧杯，酒精灯，石棉网，三脚架。

研究步骤

(1) 按图35－7的方式安装实验器材。

(2) 在烧杯中注入2/3容积的水，将彩色小纸片或塑料球放入水中。

(3) 点燃酒精灯，在酒精灯给水加热的过程中，观察烧杯中小球的运动方式。

实验现象

你看到什么有趣的现象？

____

____

研究结果

如何解释你看到的现象，又能得出什么结论？

____

____

之前的两个实验告诉我们，气体有对流现象，这个实验能否证明液体也有对流现象？你能具体分析、给出结论吗？

集思小擂台

你能再设计一个液体对流的实验吗？

方案1：将有颜色的热水沿杯壁缓缓倒入无色的冷水杯中，观察热水浸入冷水的状况；将有颜色的冷水沿着杯壁缓缓倒入无色的热水杯中，观察实验现象。

方案2：____

____。

知识充电站

热气球

我们的简易热气球实验可能会让你觉得可笑，塑料袋和吹风机的组合就能叫“热气球”吗？当然，简易热气球并不能像真正的热气球一样飞上蓝天、漂洋过海，但是它们的原理却是相同的！

为了让热气球能真正带着我们飞向蓝天，其中要经过科学家和工程师们的不懈努力。早在18世纪，法国造纸商孟格菲兄弟就发明了热气球。1783年6月4日，这对兄弟让一个圆周约为33米的模拟热气球飞行了近2.5公里。同一年的11月21日，世界上第一次热气球载人飞行成功。随着科学的发展，更为优质的热气球球皮材料和更为稳妥有效的致热燃料得以应用（图35－8）。1978年8月11日至17日，一个叫“双鹰3号”的热气球成功地飞越大西洋，3年后“双鹰5号”又成功地飞越了太平洋。迄今为止，热气球飞行的最高纪录为海拔34 668米。热气球运动作为一个体育项目，已经得到越来越多的人喜爱和参与。你想不想尝试来一次搭乘热气球、遨游天空的快乐旅程？

图35－8

专题 36

香 飘 万 里

我们生活的世界是丰富多彩的，因为有不同的气味、不同的颜色、不同的形状等。正因为有诸多的不同，每天的生活才更加有趣。比如，我们每年都要经历春夏秋冬 4 个季节，感受每个季节带给我们的惊艳(图 36－1)。

图 36－1

有人用颜色来这样描述四季：春天是嫩绿的；夏天是火红的；秋天是金黄的；冬天是雪白的。

除了颜色，还有什么能表现 4 个季节的不同呢？你能用气味来描述一年四季吗？请尽情发挥想象力，并和大家交流。

春的气息______________________________；

夏的气息______________________________；

秋的气息______________________________；

冬的气息____。

告别四季，我们来看看身边的事物，香醇的咖啡、喷香的饭菜、芬芳的花香……这些美妙的香味无时无刻不在提醒我们生活的美好。

气味就像指纹，不同的气味代表不同的事物。你能根据气味分辨不同的东西吗？我们现在就来做个小游戏。

探索 X 世界

闻香识物

游戏目的

通过气味区分事物。

游戏材料

茶水、咖啡、醋、香油、香水、香皂、花露水、樟脑丸等装有各种物质的小瓶。

游戏步骤

(1) 请一位同学参加实验，请她闭紧双眼。

(2) 选取盛有茶水、咖啡、醋、香油的小瓶，放到同学面前，请她闻一闻这些小瓶发出的气味，并选择所闻到的气味来自 4 种液体中的哪一种(图 36 - 2)。

图 36 - 2

(3) 随机选取任意一个小瓶，放到这位同学面前，请她闻一闻，并说出所闻的是什么东西的气味。其余的同学做裁判，看看谁闻得多、闻得准。

游戏结果

选出谁是闻香识物小能手了吗？

集思小擂台

现在请你开动脑筋、相互交流，说说为什么能通过气味来辨别不同的东西？更重要的是，你为什么能闻到气味？气味究竟是什么，它又是怎么来的？

____

____

探索X世界

为了了解气味的来源，我们通过下面的一个小实验来研究。

气味跑走啦

研究目的

证明气体扩散现象。

研究器材

多个玻璃瓶，一瓶香水，多片玻璃片，笔。

研究步骤

(1) 给大家闻一闻玻璃瓶，看看是否有味道。

(2) 确定玻璃瓶没有味道后，收上玻璃瓶并给每个玻璃瓶标上号码。

(3) 拿起1号瓶，向瓶中喷香水，喷完后立即用玻璃片盖住瓶口，并将其放在桌上。

(4) 取2号瓶，倒扣在1号瓶瓶口的玻璃片上。迅速抽掉玻璃片，维持1分钟。

(5) 将两片玻璃片插入两瓶中间。维持玻璃片盖住2号瓶口的状态，将2号瓶翻转，底朝下放置在桌面上。

(6) 取3号瓶，倒扣在2号瓶瓶口的玻璃片上。重复(4)和(5)两个步骤。

(7) 将剩下的玻璃瓶依次排好，依次重复(4)和(5)两个步骤。

(8) 给同学们闻所有玻璃瓶，看看哪个或哪些玻璃瓶有香水味，它们的味道有什么差别(图36－3)。

图36－3

实验现象

你发现什么现象？尽量详细地描述你的发现。

____

____

研究结果

____

____

知识充电站

想必你已经发现，1 号到____号瓶，都有香水味；随着瓶子编号的增加，气味越来越____。这说明一部分气味自己跑到别的玻璃瓶中。这是什么物理原理呢？

原来，这是扩散原理在起作用。所谓扩散，就是指物体在相互接触时，物体中所含物质彼此进入对方的现象。扩散是物质分子自由运动引起的。

探索 X 世界

通过上面的实验，大家感受到气体的扩散现象。除了气体，其他物体能不能扩散？我们通过下面的两个小实验进行研究。

实验 1：奶水互溶

研究目的

探究液体的扩散。

研究器材

大烧杯，导管，漏斗，奶，水。

研究方法

(1) 在大烧杯中倒入 1/3 容积的水。

(2) 将导管连接到漏斗上，并将导管插入烧杯中，直至水底。

(3) 将牛奶一点一点倒入漏斗，使其沉到水下(图36-4)。

(4) 可以看到奶和水的清晰分层。

(5) 将烧杯静置一段时间后，观察奶和水的分层有什么变化。

图 36-4

实验现象

请仔细描述你所看到的现象。

______

______

研究结果

上述现象说明什么？请大家各抒己见。

______

______

上面的实验是不是让你对液体能否扩散有了一些想法？我们接下来做一个更为美丽的实验。

实验2：舞动的墨水

实验目的

探究液体的扩散。

实验器材

大烧杯，水，蓝墨水和红墨水，滴管，照相机或手机，彩色铅笔。

实验步骤

(1) 在大烧杯中注入2/3容积的水。

(2) 将一滴蓝墨水滴入水中，静置一会儿后观察实验现象。

(3) 换成红墨水做相同的实验，会有什么现象发生？

(4) 如果将一蓝一红两滴墨水同时滴入水中，会有什么现象发生？

如图36-5所示，墨水在水中的形状是不是像舞者飘逸的裙子？拿出相机，拍下照片后打印。拿起画笔，尽情想象吧，看看谁画得最漂亮！

图 36-5

实验现象

别光顾着画画，我们还是来总结一下，你们发现什么现象呢？

______

______

实验结果

从这些现象中能总结出什么物理规律？

______

______

集思小擂台

你已经发现液体和气体都能扩散，固体是否也能扩散？有同学说固体不会发生扩散现象，他拿出来一块石头和一个铁块，把它们放在一起，看了半天也没有发生任何变化。你觉得他说得对吗？

图 36－6

实际上，固体之间也有扩散现象。以前房间里没有空调和暖气时，很多人家都是要靠烧蜂窝煤来取暖过冬。大量的蜂窝煤买来堆放在院墙旁边，一个冬天过去了，等煤都烧完了、院墙又显露出来时，大家发现堆煤的地方的院墙墙壁变成了黑色，而且怎么擦也擦不掉，原来煤的微粒已经沁入墙壁里面(图 36－6①)，这就是固体的扩散现象。

有人曾经做过这样的实验：把一块铅片和一块金片分别磨光、压在一起，在室温下放置 5 年，结果金片和铅片连在一起，它们相互混合的深度约有 1 厘米。在室温下，金和铅不会溶解，但是它们的接触面竟然生成一层均匀的铅金合金，这就说明固体与固体之间也可以产生扩散现象。

我们看到气体和液体的扩散现象，也了解了固体的扩散现象，你知道这 3 种物质的扩散现象有什么不同？

______

______

① 图片来源：悟空说财经，“我们的童年记忆，你们还记得吗？”，http://www.wukong shuo.com/news/20151130/41937.html。

开眼界。应该明白,这些技术的发展依赖科学理论的支撑和科学的研究方法,依托有不断学习精神和学习能力的人的发明创造。

这套书的作者希冀借助物理研究方法的启蒙,培育青少年的物理思维能力和发明创新潜能。物理可以视为自然科学的核心,视为新技术源源不断的源泉。物理图景探索、物理技术运用和物理研究方法已经渗透各行各业。所以,青少年学生和家长不要害怕物理,而是要尝试喜欢物理,并积极主动学习物理。培养物理思维能力,会让你受益终身。

物理其实不难,非常生动有趣;物理世界的图景令人豁然开朗,可以在实际中运用。喜欢物理的同学,或是被物理的神趣和挑战所吸引,或是在物理学习中体验到成功和登高远眺的境界。这套书努力让读者感受物理,让读者亲近物理。希望孩子们有越来越多的机会沉浸在能够激发学习兴趣、激发探索潜能的学习环境中。这套书对教师们来说更是任重而道远,要努力探索,让学生掌握课程的知识点并熟练运用,培养学生热爱物理,激发学生终身学习的动力和培养学生终身学习的能力。

中国科学院院士

褚君浩

2017年10月于上海

序言 2 Foreword 2

长期以来，同济大学的大学物理教师一直在探寻更为有效的物理育人方法。在课程设计中强化实践探索，努力为学生构建可引导自主研究的学习环境。五彩缤纷的物理演示实验、物理探索实验、物理仿真研究计算机系统，以及物理研究课题竞赛等软硬件系统建设，均对学生研究能力的提高起到了积极推动的作用，也取得了一系列教学成果。10 年前，同济大学在上海市科委和上海市教委的支持下，成立了上海市青少年科技人才培养基地——同济大学物理实践工作站，将注重实践的理念运用于青少年科学素养培育中，将物理的有趣和神奇、物理的无所不在和推动社会发展的力量展现在大家面前，激励了许许多多的青少年。

现在，曾经的同济大学物理实践工作站创建人——一位热心的退休物理教师和当时工作站的副手——一位同济毕业的物理博士将此教育理念继续发扬，创建了“未来科学家培养计划”系列课程，研发着“科学启蒙·探索·研究”系列教材，在此对即将出版的这套丛书表示祝贺。

物理学是人类文明和社会发展的基石，它所展现的世界观和方法论，深刻地影响着人们对物质世界的基本认识、人们的思维方式和社会生活。物理学的学习，对于人们树立科学的世界观、增强分析和解决问题的能力、培养探索精神和创新意识等，具有不可替代的作用。同时，物理学发展至今所创建的科学体系又是如此的优美，它所体现的系统性、对称性和多样性等使之精彩纷呈、奥妙无穷，激励着无数有志青少年孜孜学习和探索。

如果将物理学习的过程比作攀登智慧的高峰，则从概念到概念、从公式到公式的传统教学方法，往往会将学生引入一条乏味的登山之路，使学生难以体会攀登的乐趣，产生厌倦和难学的错觉。如果我们稍微关注一下物理学的发展历程，就不难发现物理学是一门起源于实践和探索的科学，物理学家对自然规律的认识过程是一个不断探索、发现、总结、质疑、试错、再探索的过程，并由此获得新知识、掌握新方法、成就新未来。这一过程尽管充满困难和挑战，但每一个新的困难和挑战均意味着又一段新的精彩旅程，可谓风景这边独好。

玩具中有物理，乐器中有物理，生活中有物理。有的现象有趣，有的现象很炫，有的现象神奇。这套丛书就是让同学们感受物理探索和研究的乐趣，并通过与学习同伴的合作和竞争，体验物理魅力，提高物理素养，感悟科学人生，成就未来发展。

教育部高等学校大学物理课程教学指导委员会主任

顾牡

2017 年 10 月于同济大学

前言 Preface

“NEW物理启蒙　我们的看听触感”是一套小学生朋友一定会喜欢的物理科学探索丛书。书中充满有趣的现象，神奇的科学。它将吸引学生情不自禁地在玩耍中初识物理，研究科学；在潜移默化中接受科学研究的基本训练；在不断克服困难、战胜挫折中体验研究的乐趣。

这套丛书有别于其他科学小实验图书，每一个研究专题都不是仅仅强调知道什么新知识，完成什么新实验，而是要求用自己的感官去感触、体验，进而去思考、探索世界。书中的文字和图片的展现是平面的，但是我们真诚地希望我们的表述能够让学生、老师和家长看到书中描述的生动和多维的世界，并努力引导他们用眼睛、耳朵、鼻子、嘴巴、皮肤和肢体去感受世界的美好和复杂，感受自己探究的力量和合作的伟大，明白交流和争辩的必要，体会一步步感悟的快乐。

丛书主编长期从事青少年科学素质教育及创新意识启迪的研究工作，并有丰富的教育实践经验，因而书中处处彰显引领学生步步深入探索科学的魅力。学生读书的过程就是一个科学研究的过程，就是在一条小小科学家成长的道路上跋山涉水、不断成长的过程。上海市教育评估协会对这套教材所对应的课程组织了评估，肯定了课程设计与建设的科学性和先进性。

丛书共有4个分册，分别是《看》《听》《触》《感》，我们建议将丛书作为小学生科学拓展课程或者科学类选修课教材，让小朋友们在耳闻目睹的现象中有所发现，在亲历亲为中明白科学探究是怎么回事。对自己孩子有信心的家长和敢于挑战的小朋友，应该和这套丛书做朋友。

丛书由智勇教育培训有限公司“未来科学家培养计划　科学启蒙·探索·研究系列”编写团队和上海师范大学物理课程与教学论、学科教育(物理)专业的研究生共同编写。参加编写的有邹洁、沈旭晖、严朝俊、曹政、刘晶、王珊珊、李超华、吴喜洋、黄晓栋、段基华、杜应银、赵丹、邹丽萍。书中没有注明出处的图片大部分源自智勇教育、教师同行、亲友和历届学生们的提供，部分为CC0协议和VRF协议共享版权图，马兴村先生为此书作了手绘画。在此向各位合作者一并表示衷心感谢！

编者

2017年9月

目录 Contents

第1分册

看

导 语

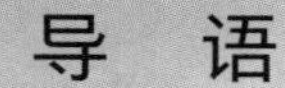

每日清晨，当我们睁开双眼，都能看到温馨的房间，妈妈脸上慈祥的笑容，爸爸忙碌上班的背影；每到夜晚，当我们躺在温暖的被窝里，闭上双眼，日间难忘的一切，往往会一幕幕地在眼前闪过。看，用自己的眼睛去看，让我们获取多么珍贵的美好记忆，赢得多么丰富的思考源泉，拥有多么坚实的成长动力。可不要随便地放过眼前看到的一切！

“看”是多么重要！否则为什么科学家研究出那么多的工具仪器帮助大家看呢？

你能说出哪些“看”的工具或设备？你玩过哪些“看”的玩具？

物理学家认为，什么都可以成为物理研究的对象，于是看到什么都可能好奇，都可能想去研究。

看到天空，物理学家想——

天为什么是蓝的？朝霞、晚霞为什么是红的？太阳为什么如此炙热？彩虹为什么是拱桥形状？月亮为什么有阴晴圆缺？

看到运动的物体，物理学家想——

物体保持匀速直线运动需要驱动力吗？物体从高处落下，为什么有的快、有的慢？是否重快轻慢？抛出的物体怎样运动？……左图中的比萨斜塔就是传说中伽利略做扔球实验的地方。

你也有很多问题吗？把你在生活中经过观察思考的问题提出来，看谁的观察更细致、思考更深入、问题提得更多。

下面是个开场小测验，就让我们来看谁愿意思考、谁善于动手、谁的逻辑思维能力强。

研究一种新材料的用途

研究材料

不知名称的两片半透明片。

研究器材

黑纸，白纸，三角板，透明胶带，彩色红、绿透明塑料膜，有机玻璃管，剪刀。

研究方法

请任意组合和运用所给材料，研究这两片半透明片[①]的特点，设想它们可能的用途。写出你的发现和联想，比一比谁写得多。

① 两片半透明片为偏振片。

导 语

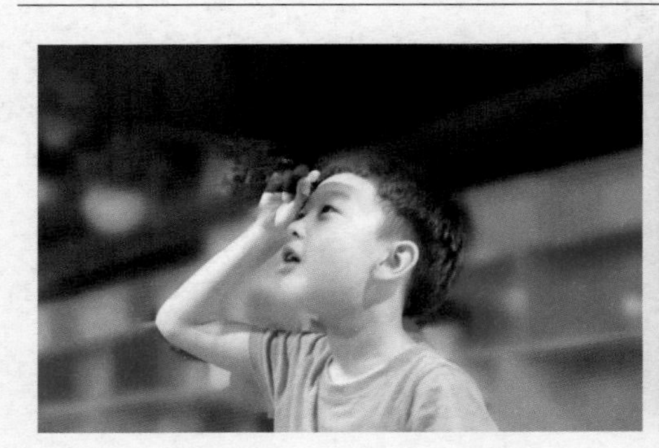

专题 1

和影子捉迷藏

踩影子是小朋友们经常玩的游戏(图 1-1)。你和小伙伴们一起玩过互相踩影子的游戏吗?

你有没有思考过,影子是怎么产生的(图 1-2)?踩影子在什么情况下最难、什么情况下最容易?

图 1-1

图 1-2

猜想跷跷板

现在,让我们研究一下游戏中的科学。

(1) 你判断某个情况下踩影子最难或最容易发生的依据是什么?

____

(2) 影子形成的必要条件是什么?

____

穿越时空

“世界八大奇迹”之一的金字塔是古埃及文明的象征。在 1880 年法国埃菲尔铁塔建成之前，金字塔中的翘楚“胡夫金字塔”一直是世界上最高的建筑。金字塔实在太高大了，在它们建成后的 2 000 多年里，人们一直都无法测量出它们的高度。

公元前约 600 年，古希腊哲学家泰勒斯从希腊来到埃及。他看到当阳光照在金字塔上时，金字塔就会出现影子。经过仔细观察，他发现金字塔的底部是正方形的，4 个侧面都是相同的等腰三角形。于是，泰勒斯想出了一个测量金字塔高度的巧妙办法(图 1－3[①])。

图 1－3

泰勒斯想到了什么办法？你还有什么好办法？

集思小擂台

泰勒斯的测量方法很巧妙，他成为第 1 个测量出金字塔高度的人。不过是否有同学看出来，图 1－3 这张源于网络的图片存在问题？请仔细观察，你能够发现问题所在吗？

____

____

探索 X 世界

用影子测高度

实验目的

利用阳光照射出的影子测量楼房(或树)的高度。

实验器材

米尺，2 根不同长度的木棒(可考虑用 40 厘米和 80 厘米两根)。

实验条件

户外、阳光下。请注意安全。

① 图片来源：360DOC，http://www.360doc.com/content/14/0903/19/253213_406837144.shtml。

实验步骤

(1) 第1次测量:将40厘米木棒竖直立于地面上,用米尺测量木棒投在地面上的影子的长度(图1-4)将测量结果填写在表1-1中。

图1-4

(2) 第2次测量:将80厘米木棒竖直立于地面上,用米尺测量木棒投在地面上的影子的长度,将测量结果填写在表1-1中。

(3) 研究表1-1中的数据,找出其中的规律,填写表1-1中“发现物体高度和影子长度的关系”。

(4) 第3次测量:用米尺测量楼房投在地面上的影子的长度,将测量结果填写在表1-1中。

(5) 根据发现的物体高度和影子长度的关系,计算出楼房的高度。

楼房的形状与木棒不同,楼房影子的形状也就不是简单的长条形,那么,如何才能准确测量楼房影子的长度呢?请先考虑这个问题。

实验数据

表1-1

测量次数	物体高度(厘米)	物体影子长度(厘米)	发现物体高度和影子长度的关系
1	40		
2	80		
3			

实验结果

(1) 用影子测量楼房的高度,需要用到的工具是________________。

(2) 假设测得物体A高度为h,影子长度为l,物体B影子长度为L,那么物体B的高度为$H=$________________。

(3) 在太阳下,利用上面测量影子的方法测量一个物体的高度,需要注意的事项是________________。

有什么其他办法能验证测量的楼房高度是否准确？

____

____

误差分析

两次测量的楼房高度相同吗？如果不相同的话，请你分析这些差别来自哪里？

____

____

知识充电站

现在我们能利用影子测量楼房的高度，你能说清楚这个实验背后的原理吗？或者问问你知道影子是怎么产生的吗？

光能通过玻璃之类的透明材料，一旦遇到木材之类的不透明材料就会被遮挡。这种在生活中再普通不过的现象背后，其实存在一个非常基本又非常重要的光学原理：光是沿直线传播的(图 1－5)。也是因为如此，光在生活中也被叫做光线。如果光是可以弯曲的，它在遇到不透明的物体时可以绕路而行，那么，我们还能看见影子吗？

图 1－5

影子的产生就是因为光在沿着直线传播的过程中，遇到了不透明的物体，就会在这个物体后面出现一个遮光区，当周围的光和遮光区都投射到一个足够大的面上时，影子就出现了。

当然，光沿直线传播是有限制条件的，这个条件我们会在专题 2 中讨论。

集思小擂台

生活中影子司空见惯，和影子有关的知识也涉及科学和生活的方方面面。比如，地球自转周期是 1 天，每天晚上我们都看不到太阳(图 1－6)，这是因为________________。

你能回答下面的问题吗？

图 1 - 6

(1) 影子的长度和哪些因素有关?

____

(2) 影子的大小是由什么因素决定的?

____

(3) 生活中有哪些影子可以利用?

____

(4) 生活中又希望消除哪些影子?

你还有什么关于影子的问题吗? 一并提出来,大家一起讨论吧!

____

____

探索 X 世界

大家之前做了较为精确的实验,能不能发挥自己的想象力和创造力,再设计一些光影作品? 可以借助手电筒或者其他光源的帮助。

光影艺术探究

探究目的

根据阴影的大小和形状形成的规律,研究如何利用光影创作光影艺术品。

探究方法

自行创意、设计、研究,做出成品,参加交流评比。

结果评比

(1) 星空投影类;

(2) 创意造型类;

(3) 人体艺术类;

(4) 其他类。

穿越时空

现代人早就习惯使用钟表计时，每天几点起床、几点吃饭、几点上课，都离不开钟表的帮助。那么，在钟表发明之前的古代又是通过什么方法来得知时间的呢？

古代人起初通过观察太阳的方位来计时，直到利用太阳的影子发明了日晷计时法，迈出人类发明史的重要一步！这项发明大大提高了计时的精度，被人类沿用达几千年之久。

你仔细观察过日晷吗？日晷由晷针和晷面组成，它是利用太阳照射晷针，在晷面上产生的投影方向来测定并划分时刻的(图1-7)。

图1-7

集思小擂台

(1) 日晷的晷针和晷面是以什么原则摆放的？

______

(2) 晷面上的刻度是怎样定标的？

______

(3) 你可以尝试做一个自己的太阳计时器吗？

______

穿越时空

皮影戏作为人类非物质文化遗产代表之一，正是利用了物体遮光成影的现象(图 1-8)。据史书记载，皮影戏始于战国，兴于汉代，是中国古代劳动人民的智慧结晶。

(a)

(b)

图 1-8

除此之外，遮光成影这一现象还体现在许多文人骚客的作品中：张先一句“云破月来花弄影”，生动形象地描写了在月光之下花影随风摆动的画面；李白“对影成三人”的名句，更是对自然光影情趣的艺术加工。

早在 2 000 多年前《墨子》一书中已记载了墨家学者对光影现象做出的科学研究，民间也很早就流传着用纸张或兽皮剪成人、动物、房屋、树木、山水等形状，利用它们的光影娱乐。人们逐渐发现兽皮不但结实，还可以处理成半透明状，加上一定色彩，并研究出活动关节。民间的皮影戏便逐渐发展流传开来。

一个简单的物理原理，竟可以形成精湛的民间艺术，且流传百世，经久不衰，它给我们什么启迪？

专题 2

自制小孔成像照相机

相机和摄像机是现代生活中人们的好伴侣(图 2－1)。自从手机配有摄影和摄像功能后,拍照更加成为一种流行。

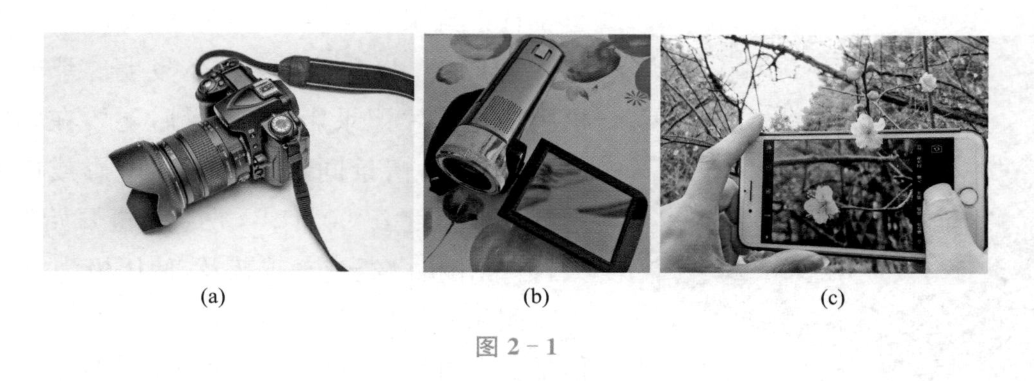

(a)　　(b)　　(c)

图 2－1

你一定会拍照吧,因为现代流行的大众相机都有“傻瓜”功能,比较容易上手。但是,照相可以用傻瓜相机,研究照相机可不能懒得动脑筋。

集思小擂台

你知道照相机由哪几个部分组成吗？有机会你可以把废弃照相机拆开看一看,里面有哪些部分、每个部分有哪些功能。

图 2－2 是人类眼睛的结构,眼睛由瞳孔、晶状体、视网膜、视神经等组成。你能根据每个部分的形状和位置,推测这些结构的功能吗？总结一下你的想法,请教老师或查询资料,看看你的想法是否正确。

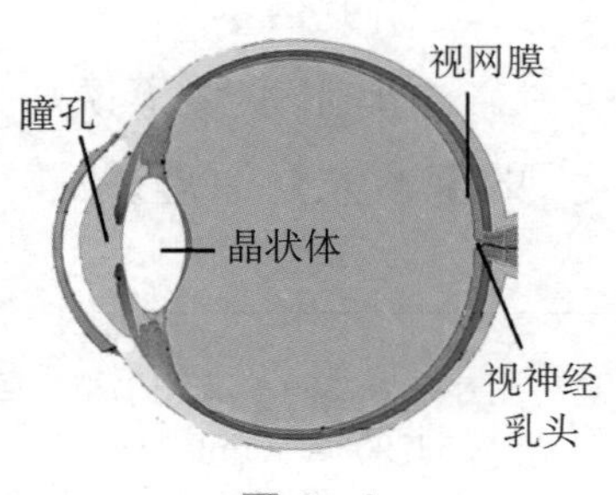

图 2－2

同样是能“看”到事物的装置,照相机和人眼在结构和功能上有没有相似之处？可以尝试列一张表格进行对照分析,来研究照相机的结构与功能。

穿越时空

我国的照相机技术可以追溯到宋代甚至春秋战国时期，因为早在公元前 400 多年，《墨子》一书中就详细记载了光的直线前进、光的反射，以及平面镜、凹面镜、凸面镜的成像现象。到了宋代，在沈括所著的《梦溪笔谈》一书中，还详细叙述了“小孔成像匣”的原理。

图 2-3

真正意义上的第 1 台照相机（图 2-3①）于 1839 年问世，由法国人达盖尔发明。那时的照相机用感光胶片记录影像，拍摄后还要在暗室里冲洗照片，这一情景同学们一定在电影或电视剧里看到过。20 世纪 90 年代，数字相机开始发展。今天，数字相机已经越来越普及，使用极为方便。

照相机是精密的仪器，我们不可能亲手制作。但是我们可以通过研究最简单的成像装置——小孔成像相机和单透镜成像相机，理解成像的基本光路②原理。

探索 X 世界

研究小孔成像相机

研究目的

研制《梦溪笔谈》一书中谈及的“小孔成像匣”，分析小孔成像规律，理解照相机的基本光路原理。

① 图片来源：360 个人图书馆，“回顾 173 年相机演变之路”，http://www.360doc.com/content/13/1030/18/14425852-325379336.shtml。

② 光路：光的传播路径。在光学分析时常用线条表示光路，称为光路图。

研究器材

小灯，电池，蜡纸和黑卡纸，剪刀，胶带，尺子等。

研究步骤

(1) 用黑卡纸做一个长方形纸盒。

(2) 用剪刀在盒身的一面开一个边长 3 厘米(可根据需要放大尺寸)的方形孔，将蜡纸盖在孔上，并用胶带固定。

(3) 在与方形孔相对的纸盒的另一面开一个很小的圆孔。

(4) 将小灯放置在纸盒有小圆孔一面的正前方。

(5) 观察纸盒另一端的蜡纸，看看上面是否映有小灯的形状。

(6) 仔细观察整套装置(图 2 - 4 和图 2 - 5)，特别是小灯的像，看看它的方向与小灯本身有什么异同。不过注意图 2 - 4 不是实验照片，是一个粗心的人画的，你看出其中的错误了吗?

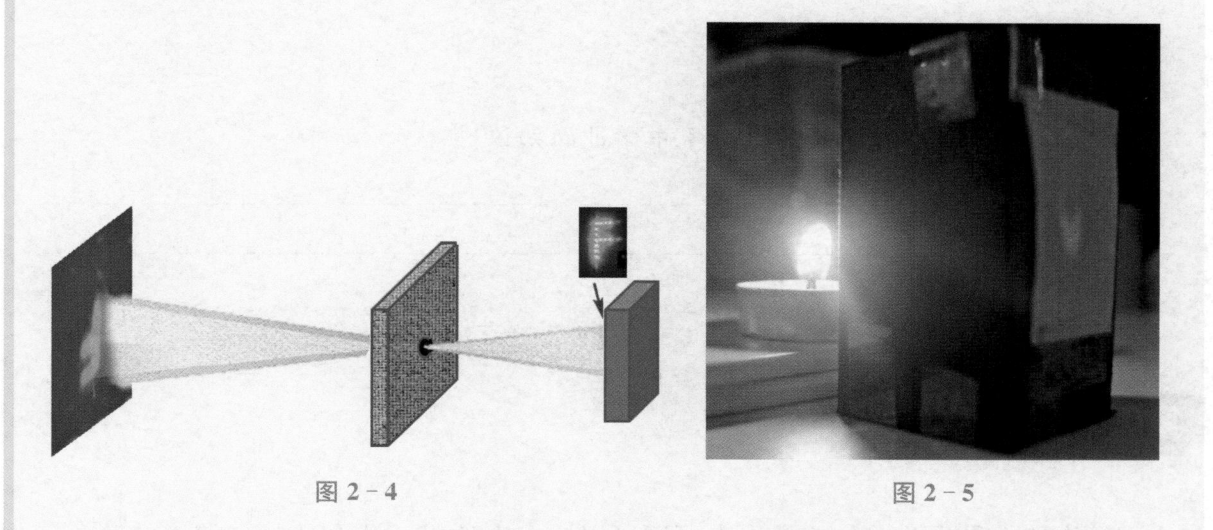

图 2 - 4　　　　图 2 - 5

(7) 从侧面将包括小灯、小灯的像、小孔在内的所有组成部分的位置都按比例测量并记录，在下面画出装置图。

你在蜡纸上看到的小灯形状清晰吗？如果不清楚，有哪些办法可以改进？如盒子的大小、小圆孔的大小和位置、小灯的位置或者环境因素，试试关上房间里的电灯。开动脑筋想想办法，让装置映出的像清晰起来！

现象观察

尽可能精确地画好装置图。将小灯的末端与蜡纸上小灯的像的末端连一条线，再将小灯的底端与其像的底端连一条线，注意观察，这两条线的交叉点和小孔的位置有什么关系？

研究结果

通过上面的观察和绘图，你有什么发现？小灯的像是正立的，还是倒立的？连线的交叉点和小孔的位置有什么关系？如何解释这一现象？

如果想不出来，回想一下专题1中学过的知识！

____

____

集思小擂台

（1）为什么是小孔成像？孔大点可不可以？多大的尺寸才合适？如何用实验验证你的想法？

（2）怎么测量那么小的孔才能比较精确？

探索 X 世界

制作单透镜成像相机

实验目的

通过单透镜成像相机，理解照相机的基本光路原理。

实验器材

小灯，1 张蜡纸和 2 张黑卡纸，1 个凸透镜，尺子，剪刀，胶带，电池等。

实验步骤

(1) 按照“研究小孔成像相机”的实验方法，利用给出的器材，制作小孔成像相机。

(2) 将剩余的一张黑卡纸卷成圆筒形，直径要等于凸透镜的直径。

(3) 将凸透镜推入圆筒，并保持凸透镜镜面与圆筒轴向垂直。

(4) 将小孔成像相机的小孔位置扩大，并将圆筒插入孔内。

(5) 前后移动调整各部分的位置，直至可以在蜡纸上看到蜡烛清晰的像。

(6) 仔细观察像的形状和大小，并绘制装置图。

现象观察

尽可能精确地画好装置图。将小灯的底端与凸透镜的上沿连一条线，并向蜡纸的方向延伸，观察沿线落在蜡纸上的位置，它是否与蜡纸上小灯的像的末端重合？同样，将小灯的底端与凸透镜的下沿连线，再观察延伸线落在蜡纸上的位置是否与蜡纸上像的底端重合？

实验结果

通过上面的观察和绘图，你有什么发现？小灯的像是正立的，还是倒立的？连线落在蜡纸上的位置与蜡纸上像的相应位置关系如何？如何解释这一现象？

____

____

继续实验

试着调节小灯、凸透镜、蜡纸，在不同的位置再呈现出清晰的像，同样画出装置图。你发现什么现象？

____

____

知识充电站

通过上面的实验，你是不是已经发现在加入凸透镜后，小灯、镜片边沿与对应的像的位置不在一条直线上？这与前面所讲的光沿直线传播似乎矛盾。这是为什么呢？

没错！这是凸透镜惹的祸。与之前相比，这个实验中的光除了在空气中传播外，还经过一面凸透镜，而光在经过凸透镜时发生了偏折。也就是说，光沿直线传播的规律是有一定条件的。用物理语言总结就是：在同种均匀介质中，光是沿直线传播的。

那么，光通过凸透镜时为什么会发生偏折？其中的物理规律将在专题7和专题8与大家一起探究。

穿越时空

相机之所以能够真实记录物体影像，很重要的一点是因为光在同一均匀媒质中遵循直线传播的规律。

图2－6

其实，我们早已习惯光走直线这一事实。否则，你不可能根据眼睛所见，准确地伸手拿起桌上的铅笔、橡皮。不过，有位科学家偏偏说光线会弯曲，他就是现代物理学的开创者和奠基人爱因斯坦(图2－6)。

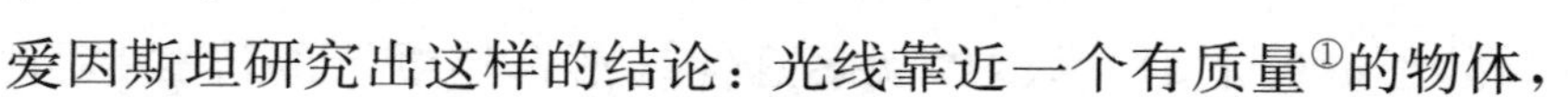

爱因斯坦研究出这样的结论：光线靠近一个有质量[①]的物体，

图2－7

① 质量：质量是物体所含物质多少的量度，是物体本身固有的性质。质量的单位是千克。在同一地点，质量大的物体重量也大。

就会弯曲。质量越大，弯得越厉害。按照爱因斯坦的理论，当光线经过你身边，因为你的存在，光线会有一点点弯曲。不过由于你的质量微不足道，那一点点弯曲无法察觉(图 2－7)。

1915 年，爱因斯坦发表广义相对论[①]，提出万有引力[②]使光线弯曲。直到 1919 年，英国爱丁顿等几位天文学家在日全食发生时，历经艰辛，拍摄出遥远星球发射的光线经过太阳附近而偏转的径迹，证实了爱因斯坦光线弯曲的理论。

① 广义相对论：和狭义相对论一样，是爱因斯坦划时代的、颠覆性的理论产物。
② 万有引力：有质量的物体相互之间都有引力。

专题 3

色彩的奥秘

红、黄、蓝 3 种颜色的颜料混合后会形成黑色颜料，但你能猜出红、绿、蓝 3 种颜色的光混合会发生什么现象吗(图 3－1)？

(a)

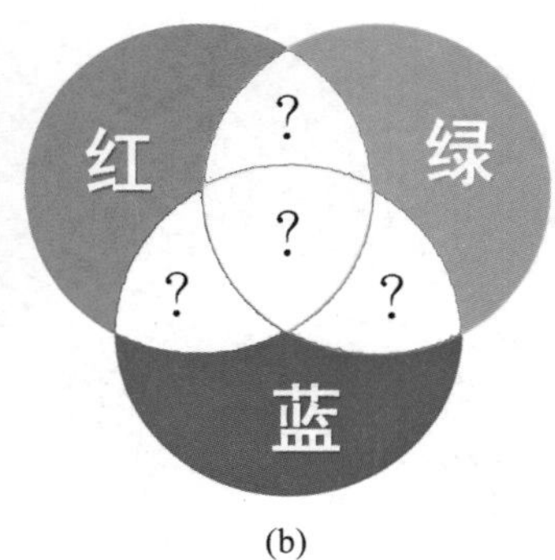

(b)

图 3－1

集思小擂台

红、绿、蓝 3 种颜色的光混合，会出现什么奇妙的现象？让我们来猜一猜、试一试吧！

预测

将你的预测结果填入表 3－1。

表 3－1

色光种类	红、绿	绿、蓝	红、蓝	红、绿、蓝
颜色预测				

观看演示

蓝、红、绿 3 支不同颜色的手电光投影在墙上，将呈现的结果填入表 3－2。

表 3 - 2

色彩种类	红、绿	绿、蓝	红、蓝	红、绿、蓝
呈现颜色				

大家预测的结果与红、绿、蓝 3 种颜色的光叠加后的结果一致吗？

看图 3 - 2 所示的照片，红、绿、蓝实际重叠的结果，是不是有很多中间过渡色？你还有其他问题吗？红、绿、蓝可以叠加出橘黄色吗？可以叠加出咖啡色吗？

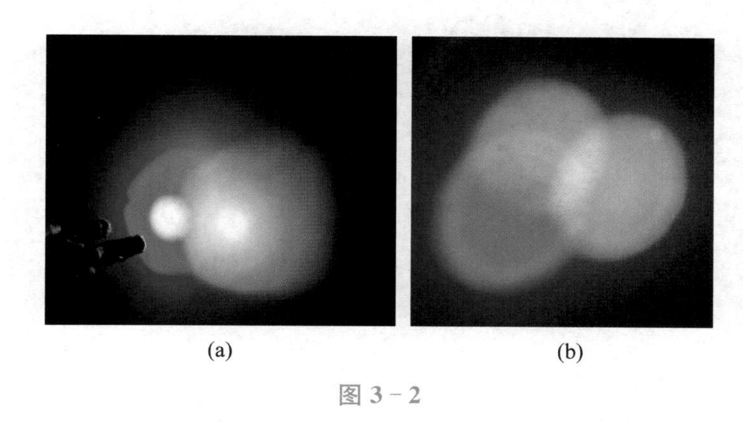

(a) (b)

图 3 - 2

探索 X 世界

红、绿、蓝 3 种颜色的光可以叠加出橘黄色和咖啡色吗

研究目的

研究红、绿、蓝 3 种颜色的光是否可以叠加出橘黄色和咖啡色；进而研究这 3 种颜色的光可以叠加出哪些颜色？

研究器材

白纸，胶水，卡纸、彩笔、小棒，高密度泡沫塑料块，剪刀，美工刀，砂纸，图钉，细绳。

原理与提示

(1) 关于红、绿、蓝 3 色光源：提供的器材中没有这 3 种颜色的光源，你想想该怎么办？可能有同学想到可以用这 3 种颜色的彩笔在白纸上画(图 3 - 3)，那么，颜料在调色盘中混合出的颜色和我们之前看到的不同颜色的光在墙上混合出的颜色相同吗？这又是为什么？

图 3 - 3

（2）上述两种办法混合出的颜色是不同的，如何让颜料先不混合，进入眼睛再“混合”呢？提示：利用人眼的视觉暂留现象。

研究方法

自己设计并做出研究装置进行研究（图 3－4）。

(a)　　(b)

图 3－4

研究结论

____

____

知识充电站

空中弥漫着的无线电波，阳光中让人暖洋洋的红外线和有消毒作用的紫外线，微波炉中加热食物的微波，以及医院里给病人做透视的 X 射线等，在物理学中都被称为电磁波。它们的共同点为都是电磁波中人类用肉眼无法看到的部分。而我们看见的各种颜色的光，在物理上称为可见光，是电磁波中人眼可以看见的那一部分（图 3－5）。

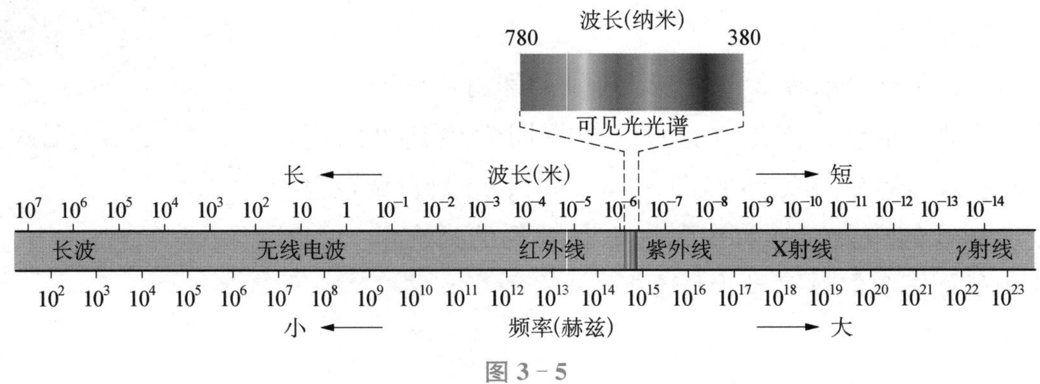

图 3－5

光反射时遵循一定的规律，这个规律物理上叫做反射定律。反射光线与入射光线、法线[①]________；反射光线和入射光线________的两侧；反射角________入射角。

探索 X 世界

制作自己的潜望镜

图 4－3 是一个用牙膏盒做成的潜望镜，又节约，又好用。你能不能利用家里的废旧物品做一个自己的潜望镜？

实验目的

制作一个潜望镜。

实验器材

两个牙膏盒，两面小镜子，尺子，剪刀。

实验方法

请根据学过的反射定律，利用给出的材料，自己设计制作一个潜望镜。别忘了画下设计图纸。

图 4－3

你找到制作潜望镜的关键点了吗？提醒你仔细考虑两面小镜子应该如何放置。

实验拓展

你用自己的双手制作出神奇的潜望镜，我们还期待大家能够制作出功能更加强大的潜望镜。

(1) 可以伸长的潜望镜；

(2) 可以改变观察方向的潜望镜等。

功能更强大的潜望镜使用起来是不是更加方便？

---

① 法线：入射光线和反射光线与物体表面相交于一点，过这点并垂直于物体表面的线称为法线。

穿越时空

图 4-4

在距今 2 000 年左右的汉朝，就有人发明了一种能够做到“隔墙有眼”的翻墙镜装置，其功能与潜望镜类似。如图 4-4 所示，在院墙上悬挂一面大镜子，院内放置一盆水。调节水盆的位置，便可以看到门外不同区域的情况。有人说这是世界上最古老的开管式潜望镜，是现代潜望镜的始祖。

在古代，有以多个平面镜组合的方法去观赏一些奇特情景的记录。《庄子·天下篇》记载：“镜以照影，镜亦有影。两镜相照，则重影无穷。”古代人称这种两个平面镜的组合相照为日月镜。晋代葛洪曾描写过一种“四规镜”，即在房间四面装镜，人在其中照镜，因而看到自己的许多像。南唐谭峭说：“以一镜照形，以余镜照影，镜镜相照，影影相传。”

你见过两镜、四镜、多镜的组合吗？你想体验吗(图 4-5)？

(a)

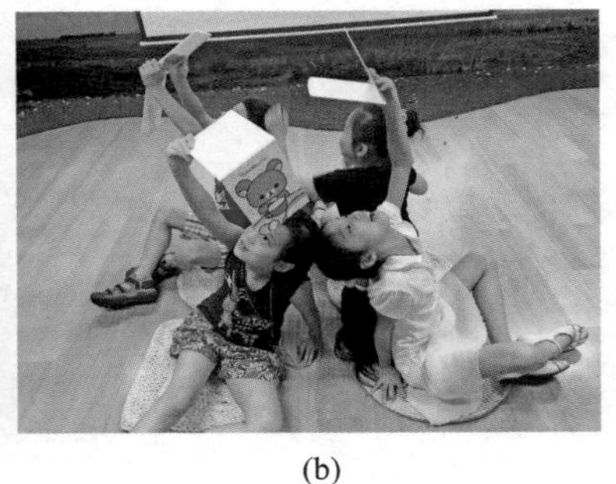

(b)

图 4-5

现代生活中也常有用两个平面镜的地方，如理发店里用两面镜子相互配合，可以让我们看到自己脑后的头发(图 4-6)。

图 4-6

集思小擂台

镜子是随处可见的生活用品，你能不能再举出生活中还有什么利用镜子的发明吗？或者大家自己用镜子来发明一件物品，来方便自己和大家的生活？

____

____

专题 5

镜子镜子，告诉我

“魔镜魔镜告诉我，谁是世界上最美丽的女人?”《白雪公主》里王后的这句经典台词想必大家都耳熟能详。一面镜子能有这么大的魔力吗(图5-1[①])？当然，这是童话故事里幻想的情节。中国历史上倒真的有一句振聋发聩的名言与镜子有关，这就是“以铜为鉴，可正衣冠；以古为鉴，可知兴替；以人为鉴，可明得失”。古文中的“鉴”就是镜子的意思。可见在古代镜子是多么重要的物品。

图 5-1

在上海博物馆有一面 2 000 多年前的珍宝——西汉的“透光铜镜”(图 5-2)。当平行光照射在铜镜光面(正面)时，其反射光在墙上的投影可以清楚地显现出铜镜背面的花纹。20 世纪 70 年代，上海交通大学的教授研究出这一失传千年的技艺，破解了其中隐含的物理原理[②]。

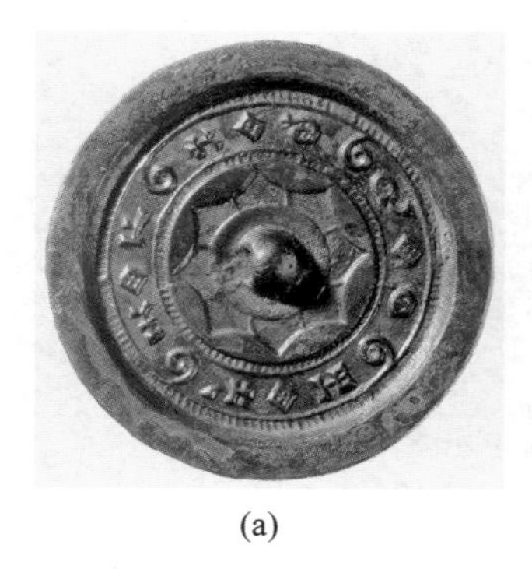

(a)

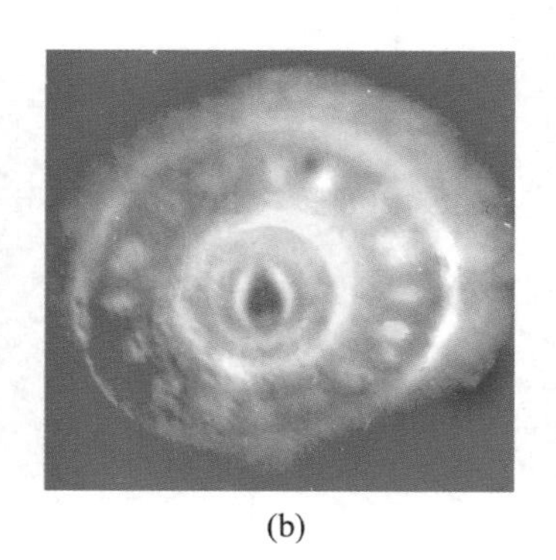

(b)

图 5-2

① 参考文献:《迪士尼公主经典故事·白雪公主(爱藏本)》，北京：童趣出版有限公司，2010 年。

② 参考文献：严燕来、叶庆好，《大学物理应用与拓展》，北京：高等教育出版社，2002 年。

探索X世界

我们现在就来试试自己制作一面简易的镜子（图5-3）。

图5-3

制作简易镜子

实验目的

制作一面简易镜子，进一步认识反射现象。

实验器材

软镜片贴，硬纸板，剪子，胶带，尺子。

实验方法

（1）将软镜片贴、硬纸板分别剪成3厘米宽、15厘米长的长方形条带。

（2）将软镜片贴平整后黏在硬纸板上，并用胶带固定好边缘。

实验结果

一面简易的小镜子就做好了，试试看效果如何？

如果不成功，原因何在？如何改进？

如果成功了，请再做两面小镜子，看看谁做得又好又快。

集思小擂台

大家的小镜子都做好了，也许有的同学制作小镜子的过程一帆风顺，也许有的同学的小镜子在刚开始做的时候不那么如意，谁能说说其中有什么原因？如何用物理原理来解释？另外，两面或3面小镜子组合在一起有什么效果？请大家来试试看！

____

____

探索X世界

3面小镜子组合在一起，是不是让你有眼花缭乱的效果？能不能更炫一点呢？我们就来做个更“炫”的实验。

自制万花筒

实验目的

做一个自己的万花筒。

实验器材

上一个实验中自己制作的3面小镜子，圆筒形外壳，彩纸小片和小彩珠，透明垫片，上盖（带孔），下盖。

实验方法

请用图5－4中给出的物品，根据之前学过的知识，自己想办法制作一个让人着迷的万花筒。记录制作过程。做好后和别的小朋友一起分享万花筒的奇妙吧！

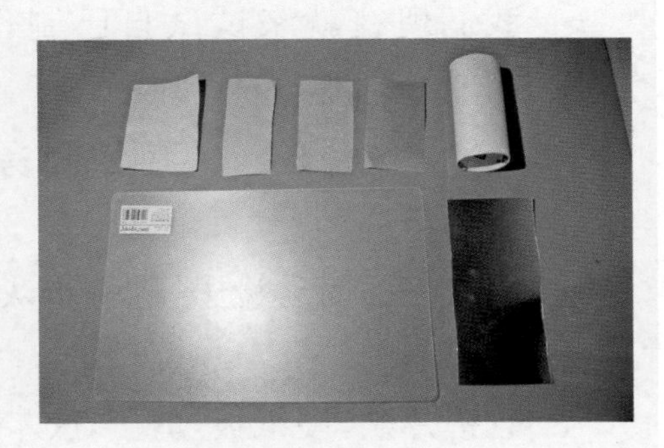

图5－4

根据讲过的反射现象，想想彩纸和彩珠被一面小镜子反射会是什么现象？如果被两面相对而立的小镜子反射又会有什么现象？那3面小镜子呢？小镜子排列成什么形状，才能令图像看起来更酷更炫？

____

____

实验结果

你的万花筒迷人吗？给大家展示一下吧！你还能再作改进吗？比如能让里面的图像动起来？试试看你还能将万花筒玩出什么花样？

____

____

集思小擂台

从专题4开始，我们认识了很多镜子，也学习了关于反射的知识。大家还记得反射是怎么一回事吗？你能应用反射的原理，自己解释一下万花筒如此美丽炫目的原因吧！

____

____

猜想跷跷板

到目前为止，我们接触到的镜子还都是平面的，在物理上叫做平面镜。如果将镜子弯曲(图 5－5)，我们又能看到什么样的情景呢？

____

____

图 5－5

探索 X 世界

弯曲的镜子究竟会呈现出怎样的画面？

会弯曲的镜子

研究目的

研究曲面镜可能产生的现象。

研究器材

软镜子。

研究方法

弯曲这面镜子，观察所产生的现象，并总结其中的规律、思考其中的原理。如果有兴趣，不妨去上海大世界看看那些让人开怀大笑的哈哈镜(图 5－6[①])。

(a)

(b)

图 5－6

① 图片来源：依好上海，“上海大世界回来了！哈哈镜还是童年的味道！”http://ish.xinmin.cn/xnjx/2016/12/30/30724525.html。

研究结果

通过这些弯曲的镜子你都看到了什么？记录下你的发现。

研究结论

总结这些现象当中的规律，并记录在下面。

知识充电站

弯曲的镜子是不是让你觉得变幻莫测？在物理中，我们把这些镜子称为曲面镜。其中向外凸出的称为凸面镜，向内凹陷的称为凹面镜。这些奇妙的曲面镜又能帮助我们做些什么？

探索 X 世界

背后的加法

游戏目的

进一步认识曲面镜的现象。

游戏器材

上个实验中制作的软镜子。

游戏方法

（1）两名同学站在教室最后面，离开 5 步的距离。

（2）一名同学拿着软镜子，背对着教室后面的两位同学。

（3）教室后面的两位同学各比划出一个数字。

（4）要求拿镜子的同学说出这两个数字的和。整个过程中，拿镜子的同学不能回头和借助别的工具，只能利用手中的软镜子达到目的（图 5－7）。

图 5－7

（5）你觉得游戏很简单，让我们加大难度！请两位同学站到教室的任意位置，重复刚才的游戏。当然，拿镜子的同学要始终背对这两位同学！

（6）你成功了吗？能不能跟大家分享你的秘诀？说说这个游戏的物理原理。

____

____

集思小擂台

游戏中的镜子是不是让你觉得很有趣？其实在现实生活中，曲面镜几乎无时无刻不在为我们的生活提供便利。例如，汽车的后视镜就是利用凸面镜的汇聚效果（图 5－8[①]），让驾驶员看到身后更广阔的视野，从而能够更加安全地驾驶。又如，爱美的女士用的化妆镜，有些用的就是凹面镜，这是利用凹面镜发散的效果，将面部形象放大，方便看到脸上的细节，自然也就让化妆更为便利。

图 5－8

镜子几乎无处不在，善于观察生活的你，能发现它们的身影吗？说说它们给你的生活带来什么？

____

____

① 图片来源：荆楚网，“BSM 盲区监测系统”，http://auto.cnhubei.com/2014/0221/108627.shtml。

专题 6

不发光的物体

炽热的太阳当空照时，我们无法直视，因为阳光实在太亮了！

夜晚，我们却可以抬头凝望天上的明月，因为月光柔和似水。

大家有没有想过，阳光和月光的亮度为什么有这么大的差别(图 6－1)？原来，太阳本身是发光体，月亮却不是。我们之所以能看到月亮，是由于阳光照射到月亮表面时，被月亮反射到我们眼中的原因。如果阳光被地球挡住，照射不到月亮上面，就会发生月食。月全食发生的时候，月亮就看不见了。

(a) (b)

图 6－1

了解了月亮发光的原理，请大家想一想，如果周围空间没有光线供其反射，是不是所有不发光的物体都不会被看见？

反之，如果周围空间有光线存在，是不是所有不发光的物体就都可以被看见了？

不发光的物体都会像月亮一样反射光吗？

不发光的物体的颜色从哪里来？难道不是它发出有颜色的光吗？

红墙、绿叶、蓝箱、白衣，这些颜色是否真的客观存在？

亮晶晶的玻璃、白晃晃的小轿车、耀眼夺目的奖牌、波光粼粼的水面，这些都是发光体吗？

你还有其他问题吗？下面就让我们一个个来研究。

探索“X”世界

问题1 如果周围空间没有光，是不是所有不发光的物体都不会被看见？

我们周围一般没有全部遮光的条件，不过我们可以创造一个黑暗的小环境。用黑卡纸做一个黑盒子，上面开一个小窗口，黑盒子里面放一个小东西在中间。眼睛贴着小窗口往里看，你可以看到放进黑盒子里的那个小东西吗（图6-2）？

图6-2

你看到了什么？能说出为什么吗？

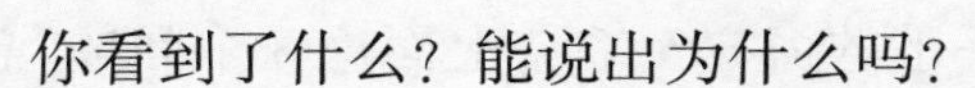

有没有反对意见？请提出来大家一起讨论。

请大家想想，这样是否能证明所有不发光的物体都符合这一规律？

问题2 如果周围空间有光，是不是所有不发光的物体就可以被看见？

如果一个不发光的物体被光照到，在你和这个物体之间没有其他物体遮挡，你一定可以看到这个物体吗？

先写下你的猜测结果：

到底是否可以看到，让我们用实验说话。

如图6-3所示，在刚才的黑盒子上开一个小洞，洞上装一个黑管子“烟囱”，让光从“烟囱”口往里照，然后再从刚才的小窗口往里看，结果是什么？

图6-3

交流实验后的结果：

问题3 所有不发光的物体都会反射光吗？

这个问题很有水平！因为你问出一个曾经困扰了许多优秀科学家、直到大学阶段才会学习的“黑体”（不是“黑洞”）问题。这个问题要等你长大一点再来回答。

现在请你抬头看看远处一扇扇打开的窗户，即使外面阳光明媚，似乎也只有进去的光线，而没有出来的光线。因为窗户里黑乎乎的(图 6-4)。

图 6-4

光线到哪里去了？为什么只能看到黑乎乎的窗户？综合上面这 3 个问题，总结不发光的物体被看到的原因。你的答案是：

____

____

问题 4 不发光物体的颜色从哪里来？难道不是它发出有颜色的光吗？

这个问题非常有意思，还是让我们做个实验研究。

人人都会创作变色画

研究目的

研究颜色从哪里来。

研究思路

如果能使彩色图画变色，根据颜色变化情况，就能分析是什么颜色的光照射的结果。

研究器材

画图颜料和工具，纸，白光源以及红、蓝、绿及其他若干不同颜色的光源。

研究步骤

(1) 创作彩色图画作品，要求作品上有白色的部分，以便记录照射光的原本颜色。选择一幅颜色相对丰富、色块不是非常碎乱的作品进行研究。

(2) 在白光下给作品拍照(图 6-5)。

(3) 分别在不同颜色的光照下观察，并拍照记录。

(4) 分析结果。

图 6-5

研究结论

同样的色块在不同的光照下是否呈现出不同的颜色？结合前面 3 个问题的结论，分析我们看到的颜色是怎么来的。

问题 5 红墙、绿叶、蓝箱、白衣，这些颜色真的客观存在吗？

解决了问题 4，问题 5 应该迎刃而解。

问题 6 亮晶晶的玻璃、白晃晃的小轿车、耀眼夺目的奖牌、波光粼粼的水面，这些都是发光体吗？

你来说说看，你又如何证明你的观点？

发光的物体是如何被看到的？不发光的物体又是如何被看到的？根据两者的区别，设计证明的方法。

知识充电站

通过上面的研究可以知道，不透明、不发光的物体之所以被人们看到，是因为它们将别处射来的光线反射到人的眼中；五彩缤纷的颜色是物体表面物质与照射光相互作用的结果(图 6－6)。照射光中被吸收的那些成分我们无法看到；被反射的那部分光的颜色就是我们能够看到的颜色。

图 6－6

物体的表面如果能够把白光中的所有色光几乎全部地吸收掉，这就是黑色的物体，如图 6－7 中所示的黑衣服；如果能够把各种色光几乎全部再反射出来，这就是白色的物体，如图 6－7 中所示的白衣服。

图 6－7

这里所说的反射，与我们之前研究潜望镜时的反射有区别吗？

研究镜子的反射时学习了反射定律，“入射角＝反射角”，这里所说的反射也遵循反射定律吗？

探索 X 世界

观察黑屋中的纸和镜子

实验器材

镜子，白纸，手电筒。

实验条件

暗室中。

实验步骤

(1) 将白纸和镜子平放在桌面上，关掉屋内的灯。

(2) 斜对着镜子和白纸打开手电筒，观察实验结果。

(3) 调整手电筒、镜子和人眼之间的位置，根据反射定律，观测是否存在镜子最亮的位置，此时人眼是否恰好位于反射光的什么位置？

(4) 调整手电筒、白纸和人眼之间的位置，根据反射定律，观测是否存在白纸最亮的位置，此时人眼是否恰好位于反射光的什么位置？

实验结论

用镜子和白纸做实验得到的现象有什么差别？对比镜子和白纸，试着解释实验中的相同点和不同点：

____

____

知识充电站

当入射光线射到粗糙的表面时，表面会把光线向着四面八方反射，这种反射称为漫反射。

很多物体（如墙壁、衣服等）的表面看起来似乎是平滑的，但是用放大镜仔细观察，就会看到其表面凹凸不平，所以原本平行入射的太阳光被这些粗糙表面弥漫地反射到不同方向（图6-8）。

(a)

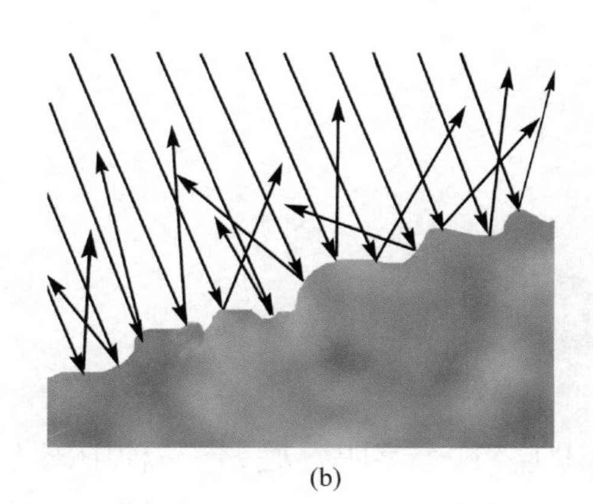

(b)

图6-8

集思小擂台

（1）回到我们之前提出的问题，漫反射符合“入射角＝反射角”的反射定律吗？

____

（2）联系生活，说一说镜面反射和漫反射有哪些应用？

____

穿越时空

老人们常说，夜晚走路时能看见月亮的话，路面上亮的地方都是水、暗的地方才是路；看不见月亮的话，亮的地方是路、暗的地方是水（图6-9）。

上述经验正确吗？我们能否用学过的知识来解释这一问题？大家也可以在晚上走路时试一试。

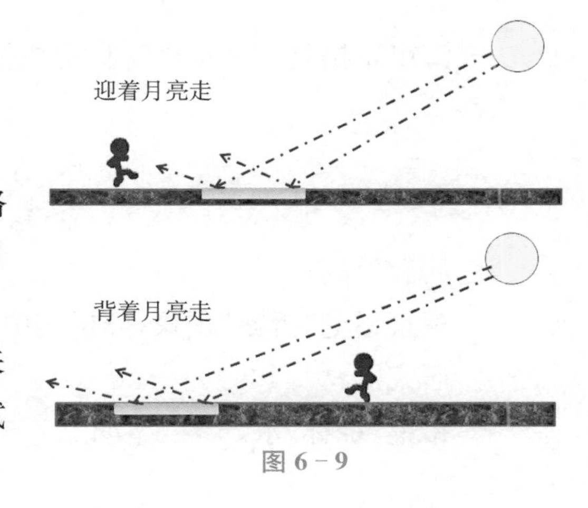

图6-9

专题 7

海市蜃楼

猜想跷跷板

你认识“蜃”这个字吗？蜃，是一种中国古代传说中的大海妖，它可吐气结成幻境。自然界中也有一种神奇的光学现象，让人们能够看见原本不存在的城市、湖泊等幻境，这种现象被称为海市蜃楼(图 7－1)。见过海市蜃楼的人并不多，我们只好请大家在百度上搜看或者在国家地理中文网查看图片。

图 7－1

探索 X 世界

海市蜃楼是多么神奇呀！想要把它说清楚，我们还是要从身边一个很小的现象入手。

研究 1：折断的铅笔

研究目的

观察铅笔“折断”现象，分析其中的物理原理。

研究器材

铅笔，烧杯，水。

研究方法

(1) 将铅笔放入烧杯中，观察铅笔的形状(图7-2)。

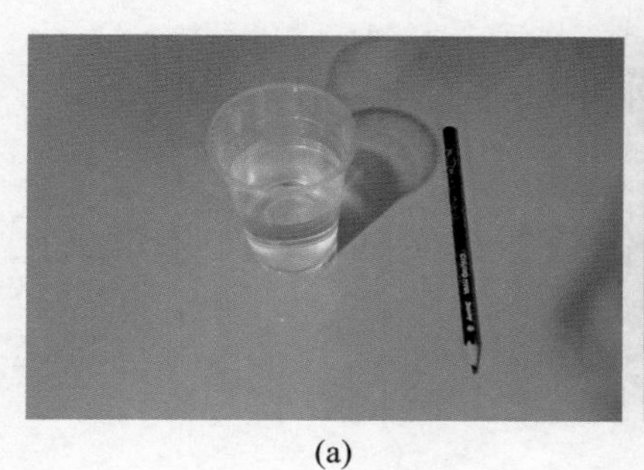
(a)

(b)

图7-2

(2) 在烧杯中注入1/2容量的水。

(3) 观察烧杯中的铅笔发生的变化。

现象观察

你是不是看到了有趣的现象？把它记录下来！

______

______

研究结果

你从上面的现象中得出什么结论？想一想后相互讨论一下，把你的想法写下来吧。

结合专题6的内容，想想看你是如何看到水下部分的铅笔的？与前面专题中所见到的情况不同，这次光线只是在空气中传播吗？它还经过其他什么媒介？光线在经过不同媒介时会发生什么现象？

______

______

研究2：聪明的渔夫

研究目的

观察现象，分析其中的物理原理。

研究器材

不透明的盆，水，金属小鱼，镊子。

研究方法

(1) 请老师将小鱼放入盆底。

(2) 在盆中注入 2/3 容量的清水。

(3) 大家站在盆边,轮流用镊子夹取水中的小鱼。

观察现象

你夹到小鱼了吗? 如果夹到了,说说你是怎么夹到的? 如果没夹到,想想这是为什么呢?

____

____

研究结论

你从夹鱼的实验中得出什么结论? 结合研究 1 的结果,想一想后相互讨论一下,把你的想法写下来。

____

____

知识充电站

在之前的学习中,我们知道光在同种均匀介质中是沿直线传播的。如果光遇到不同的介质又会怎样呢? 光通过不同介质的交界面时会发生偏折现象,物理中将这一现象称为折射。折射现象的特点是入射光线和折射光线分属不同介质,并分别位于法线两侧。我们称入射光线和法线之间的夹角为入射角,折射光线和法线之间的夹角为折射角。入射角不等于折射角。你能根据上面的描述,将水中小鱼身上的光线射到我们眼睛中的全过程画下来吗? 特别要画准光线穿过水面时发生折射的光路!

探索X世界

大家刚才把想象中的光线图画在上面。不知道大家有没有疑问，就是在折射现象中，入射角和折射角是不相等的，那么究竟入射角和折射角中哪一个更大？为了研究这个问题，我们再来做下面的这个实验。

激光的路径

研究目的

观察折射现象。

研究器材

烧杯，水，牛奶，激光笔，白纸，玻璃棒。

研究方法

(1) 在烧杯中注入2/3容量的水。

(2) 打开红色激光笔，将光线倾斜着射入水面(图7-3)。

图7-3

(3) 用白纸紧贴住激光笔，映出光线的路径。

(4) 在水中滴入1～2滴牛奶，并用玻璃棒搅匀。

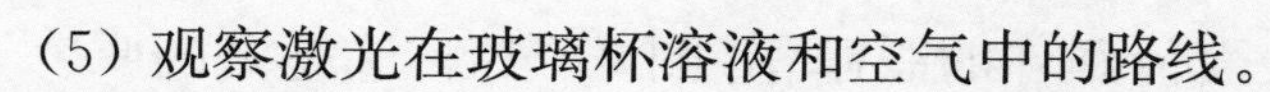

(5) 观察激光在玻璃杯溶液和空气中的路线。

现象观察

你看到红光在水和空气中行走的路线了吗？将光线图画在下面，记得画出水和空气的分界面以及法线。

研究结果

光线从空气射入水中，发生什么样的现象？是入射角大，还是折射角大？你能用简单的语言总结出规律吗？试着写在下面。

____

____

集思小擂台

从上面的研究中，大家已经看到光线从空气照射到水中时发生折射的情景。下面我们就把这一现象用物理语言来进行总结：光从密度较低的介质传入密度较高的介质中发生折射现象时，入射角________折射角。对于相反的过程，我们可以做反向推理，就是光从密度较高的介质传入密度较低的介质时，入射角________折射角。

这个反推究竟对不对？请大家自己设计实验证明。

猜想跷跷板

现在我们已经了解折射的现象，揭秘海市蜃楼的路程才走了一半，我们还必须做更深入的思考。

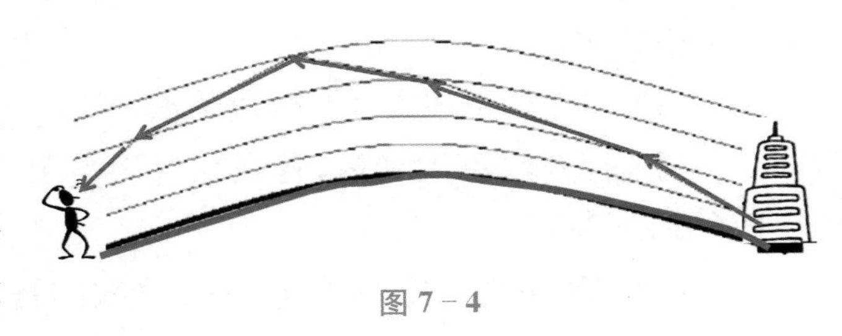

图 7-4

光线通过水和空气的交界面时都会发生折射，这是因为水和空气是两种不同的介质。但是现在的情况不同！你“看到”的东西和你都处于空气中，只不过看不到的隐藏在地平线之下的东西现在似乎被抬高了，光线似乎绕过弯弯的地球表面传到你的眼睛里(图 7-4)。这是真的吗？光线真的会弯曲吗？写下你的猜想。

____

____

探索 X 世界

你的猜想是符合真实情况的吗？下面我们就来做个实验证明。

弯弯的光线

研究目的

探究光在渐变介质中的传播路径。

研究器材

扁长透明水槽，激光笔，水，白砂糖，玻璃棒，橡皮。

研究方法

(1) 在水槽底部均匀铺上一层白砂糖。

(2) 将水小心翼翼地注入水槽中，注意不要让白砂糖卷起。过一会儿白糖水就会出现这样的情况：上面的水淡淡的甜，越往下越甜，贴近下面一层糖的水会甜得不得了。

(3) 打开激光笔，让光线从水槽端壁从不同方向射入水中(图7-5①)。

(4) 观察不同情况下光线的走向，并分别画下或拍照记录。

(5) 将水槽放置在桌上，一端放置一块橡皮，从另一端透过水槽观察，记录所看到的橡皮的位置。

图7-5

(6) 现象观察

你是不是看到什么不可思议的现象？试着描述，并画出光线图。

____

____

研究结果

你从这个实验中得出什么结论？如果用玻璃棒把烧杯中的白砂糖搅拌均匀，看看还有刚才的现象吗？和同学讨论后写下你的结论。

____

____

集思小擂台

通过上面这么多的实验研究，我们终于能够揭示海市蜃楼的秘密。海市蜃楼就是太

① 图片来源：中科院物理所微信公众号，“当光线都被‘掰弯’了”，线上科学日第15弹。

阳的“杰作”！当阳光照射到海面上时，海水会被蒸发，于是水蒸气就在海面上层的空气中形成像“弯弯的光线”实验中白砂糖溶液那样有逐渐变化的浓度差。带有原本看不见物体信息的光线，从密度高的海面空气射向上方密度小一些的空气时，光线发生连续的折射，入射角始终小于折射角，使光线变得向下弯折。经过最高点反射之后，光线从密度小的海面上空空气射向下方密度大一些的空气时，光线继续发生折射，折射角小于入射角，所以光线又向下弯曲。当这些光线恰好被我们的眼睛接收到时，我们就会看到海市蜃楼的奇观(图 7 - 6)。

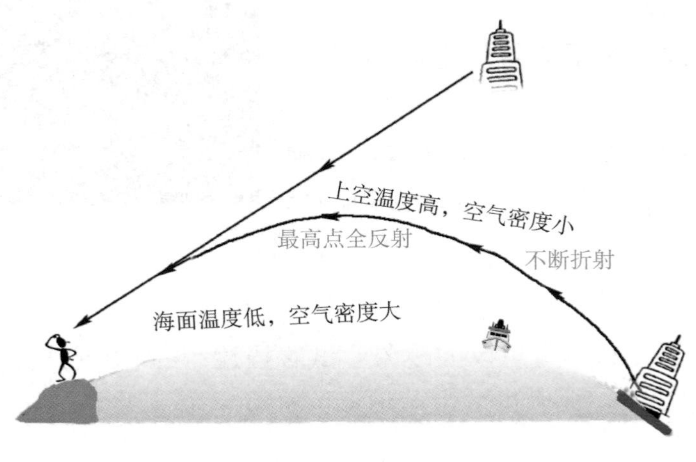

图 7 - 6

另外，广袤的沙漠和炙烤的公路上也会有海市蜃楼现象发生(图 7 - 7①)。沙漠上、公路上并没有水，你看到的水来自何方？沙漠上的树还会有倒影，湖边倒影的景象欺骗了多少沙漠中干渴难耐的人。你能解释吗？

(a)　(b)

图 7 - 7

到此为止，海市蜃楼现象的谜底我们已经解开大半，是否发现在整个过程中还有一个遗漏的环节？当光线到达最高点时折了回来，这似乎并不是折射现象可以解释的。我们将在专题 9 揭晓这最后的谜团。

① 图片来源：果壳网，“海市蜃楼还是平流雾?”，http://www.guokr.com/blog/745011。

专题 8

水滴放大镜

你听说过“一滴水中有一个大千世界”吗？也许一滴水装不下整个世界，但是一滴水背后的丰富多彩可能会让你意想不到(图 8－1)。

图 8－1

探索 X 世界

一滴水的世界

研究目的

探究水滴的成像效果。

研究器材

玻璃棒，水。

研究方法

(1) 用玻璃棒蘸取一滴水。

(2) 透过这滴水观察事物，总结得到的现象(图 8－2)。

图 8－2

现象观察

一滴水可不简单，你能从中观察到什么现象？

从水滴中可以看到它背后的物体吗？这些物体的大小和方向如何？

____

____

研究结果

将你看到的现象进行总结，看看能得到什么结果？

____

____

猜想跷跷板

实验做完了，想必大家都观察到美妙的现象。请把自己得到的结果和大家一起分享吧。

大家看到的现象是否不同？请把不同的现象整理一下，看看都有哪些方面不同、哪些地方相同？产生差别的原因是什么？

____

____

探索 X 世界

一滴水究竟能变换出什么不同的效果？老师在计算机屏幕上滴了几滴水，看到如图 8－3 所示的效果。你认为这是什么原因？

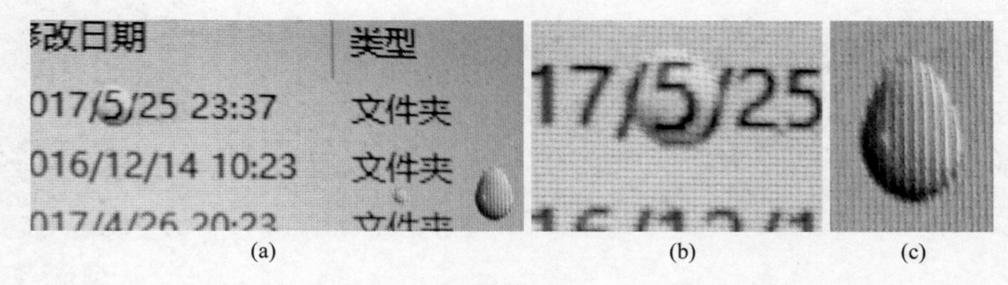

(a)　(b)　(c)

图 8－3

在计算机屏幕上滴水可千万要小心，不然会损坏计算机显示器。你可以试试下面的实验，看看有什么启发？

实验 1：水滴的妙用

实验目的

探究水滴的光学现象。

实验器材

带花纹的鼠标垫或塑料板，水，胶头滴管。

实验方法

（1）用胶头滴管将一滴清水滴到鼠标垫上（图 8－4）。

（2）观察鼠标垫上的花纹有什么变化。

实验现象

实验中出现什么新奇的现象？将你观察到的情形记录下来。

图 8－4

实验结论

这些现象能说明什么问题？

想必大家都看到了水滴的________作用，这和我们平时用到的________有着相同的功效。大家能用水滴来制作这样一个工具吗？

实验 2：制作水滴放大镜

实验目的

制作水滴放大镜，探究物理原理。

实验器材

水，其余自选。

实验方法

请大家利用水滴的放大效果，自行选取材料来制作一个放大镜（图 8－5）。请将制作方法记录下来，并画图说明。

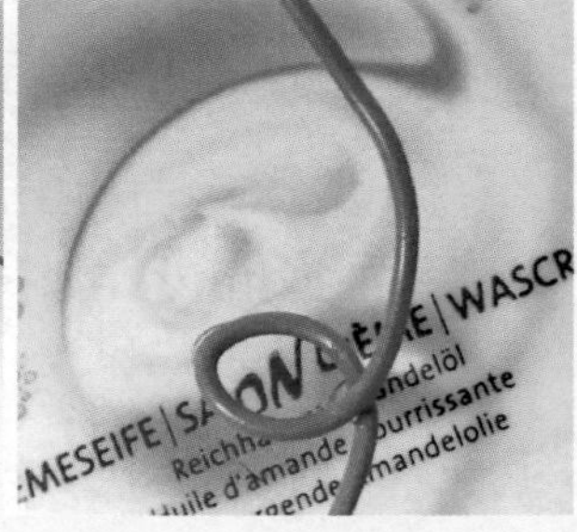

图 8－5

放大镜除了要有放大功能外，还要方便移动。怎样做才能“夹”起一滴水自如地移动呢？实验中需要什么材料？

实验结果

你的放大镜放大效果如何？

____

____

请大家想想看，一个好的放大镜需要满足哪些条件？把你的想法列举在下面。

____

____

现在就用这些标准去衡量大家做好的放大镜，看谁做的放大镜最棒！

知识充电站

你能用物理语言描述一下水滴做成的放大镜吗？这些用透明物体制作的光学器件叫做透镜。其中边缘较薄、中央较厚的透镜就叫凸透镜。放大镜就是凸透镜的一种。生活中哪里还有凸透镜的身影？它们又各自发挥什么作用？

探索 X 世界

大家看到了一滴水的奇妙，一瓶水又会演绎出什么意想不到的光学现象？

研究 1：一瓶水的光学 1

研究目的

探究一瓶水的光学现象，进一步理解凸透镜原理。

研究器材

一瓶矿泉水，尺子。

研究方法

(1) 透过矿泉水瓶里的水观察事物,记录所发现的现象。

(2) 将矿泉水瓶水平举起,让太阳光透过水瓶中的水投射在地面或窗台上。

(3) 调整水瓶的上下位置,直至太阳光线在台面上形成一条线。

(4) 测量水瓶中心的位置到台面的距离(图 8－6)。

图 8－6

现象观察

你观察到了什么现象?

____

____

研究结论

你测量的距离是多少?这个距离的光斑有什么特点?

____

____

研究 2:一瓶水的光学 2

研究目的

探究一瓶水的光学现象,进一步理解凸透镜原理。

研究器材

一瓶矿泉水,尺子。

研究方法

通过水瓶观察背后的物体,注意物体离水瓶的距离不同,研究不同的距离是否有不同的现象(图 8－7)。探究这些现象与研究 1 中测出的瓶子中心和台面的距离是否有所关联。

图 8－7

现象观察

按照你的理解，将观察到的现象填入表 8－1。

表 8－1

观测编号	物体与水瓶的距离（厘米）	物体的大小	物体的倒正
1			
2			
3			
4			
……			

研究结果

通过上面的观察和测量，你是否从中发现一些规律？物体与水瓶的距离、物体的大小、倒正之间有什么关系？讨论后写下你的想法。

____

____

知识充电站

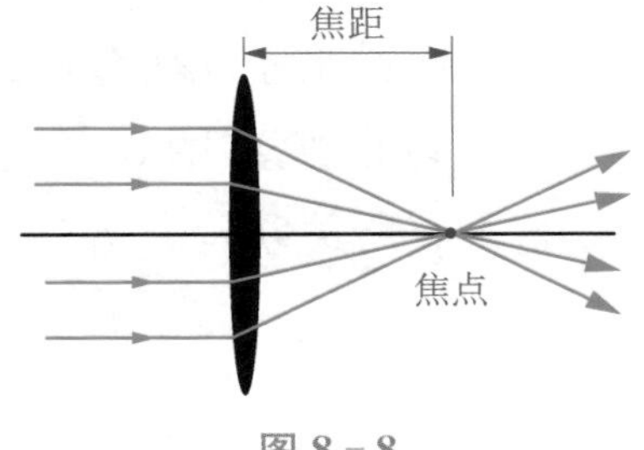

图 8－8

大家一定发现装满水的瓶子就相当于一个凸透镜。太阳光穿过凸透镜，可以在台面上汇聚到一点（或线），物理上称这样的点（或线）为焦点。此时测量出的凸透镜中心到焦点的距离，被称为焦距（图 8－8）。当我们透过凸透镜观察后面的物体时，由于物体和凸透镜的距离不同，也会产生不同的效果，可以总结如下：

当物体在____________时，____________________________________；

当物体在____________时，____________________________________；

当物体在____________时，____________________________________。

集思小擂台

除了凸透镜，透镜还有哪些种类？利用逆向思维很容易就能想到和凸透镜相对的还有________。它会带给我们哪些现象？我们如何获得这样一面透镜来研究？

穿越时空

望远镜与显微镜

大家已经见识到透镜的神奇效果，这还只是一面透镜，如果是多面透镜组合在一起，又会怎样呢？其实我们通常见到的望远镜和光学显微镜就都是利用透镜组制作而成的。

望远镜是一种可以观察遥远物体的光学器材。早在公元1609年，意大利著名的物理学家伽利略就制造出可以放大40倍的望远镜（图8－9①）。他也凭借此镜观察到月球表面的情形和木星的卫星。

伽利略(1564—1642)

(a)

(b)

图8－9

光学显微镜则是一种可以观察微小物体的光学仪器。公元17世纪，荷兰生物学家列

① 图片来源：搜狗百科，“伽利略望远镜”。

文虎克就磨制出可以放大数百倍的显微镜(图 8－10①)，并用它们观测到各种细胞和微生物，从此开启了人类对生物科学探究的大门。

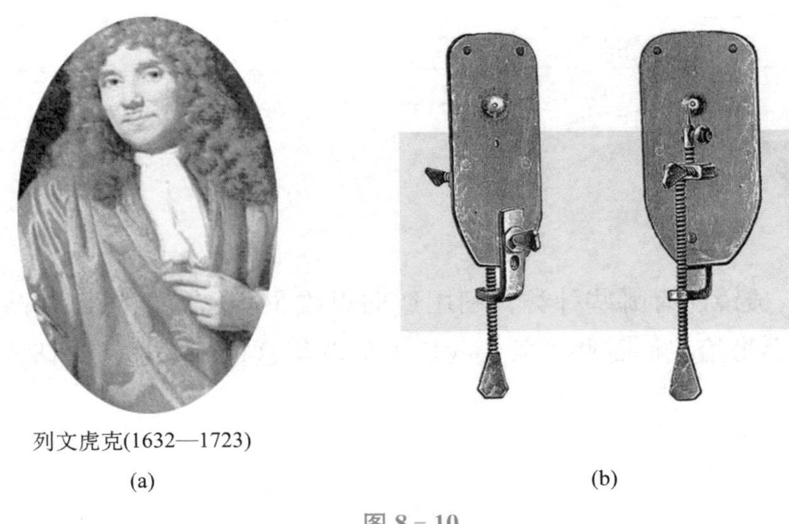

列文虎克(1632—1723)

(a)　　　　(b)

图 8－10

透镜几乎无处不在，你能在生活中找到它们的身影吗？它们又是如果工作的？

① 图片来源：我爱生物，“列文虎克”，http://www.shengwujiaoxue.com/thread－234－1－1.html。

专题 9

隐藏的硬币

你爱看魔术表演吗？我们现在就来试试看，能不能让一枚硬币从眼前消失。在欣赏魔术表演的同时，请仔细观察并试着破解其中的奥秘。

探索 X 世界

魔术：隐藏的硬币

魔术器材

一个较深的盘子，玻璃杯，水，硬币。

魔术方法

检查一下盘子、玻璃杯和硬币是不是正常完好。将硬币放入盘中，用玻璃杯盖住。因为玻璃杯是透明的，可以很清楚地看到玻璃杯中的硬币。现在，见证奇迹的时刻到啦！往玻璃杯里倒水，看看会发生什么（图 9－1）？哇，硬币消失不见了！这是怎么回事？

(a)

(b)

图 9－1

欣赏完有趣的魔术，大家看明白是怎么回事了吗？

____

____

猜想跷跷板

要想直接猜出硬币消失的秘密，可能会有些困难。大家还记得之前讲过的光的折射现象吗？

当光从密度较高的介质（如水）中传到密度较低的介质（如空气）中时，有折射现象发生，光的折射角大于入射角，这意味着光将更“偏”一些。如果这时入射角继续增大，会有什么现象发生？请大家想一想、画一画。

当折射角为 90°时，入射角还小于 90°。如果此时入射角进一步增大，折射的光线会去哪里？是返回水中吗？请画出你想象的现象。

探索 X 世界

上面的猜想让我们用实验来验证。

折射光线去哪里了

研究目的

进一步探究光的折射规律。

研究器材

烧杯，水和牛奶，激光笔，白纸。

研究方法

(1) 在烧杯中注入2/3容量的水，并将2滴牛奶滴入。

(2) 用激光笔从杯侧射入，同时把白纸横悬在烧杯上方，观察白纸上是否显现出光点。

(3) 调整激光入射方向，使入射角不断增大。

(4) 观察白纸上是否始终存在光点，以及水中光束的变化(图9-2)。

图9-2

现象观察

你能描述所看到的现象吗？

____

____

研究结果

你能从这些现象中得出什么结论？

____

____

知识充电站

想必大家对刚才观察到的现象已有所认知，现在就让我们一起用物理语言来总结。刚才观察到的现象在物理中被称为全反射。请注意全反射并不是普通的反射。它是指光从密度较大的介质射入密度较小的介质时，当入射角大于一定角度，如果有折射现象发生，那么折射角将大于90°。这时光线将不会折射，而是全部反射回原有介质的现象(图9-3)。

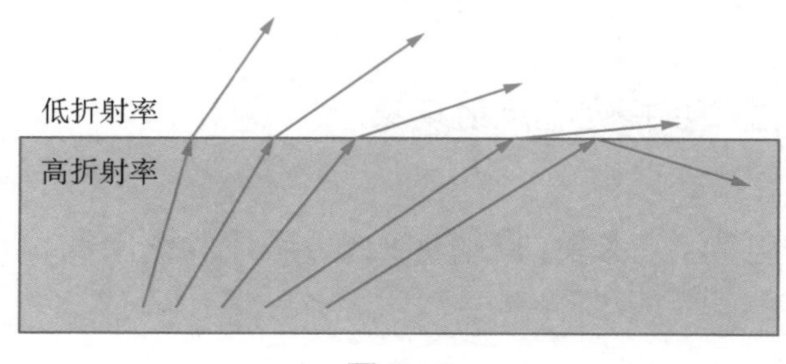

图9-3

集思小擂台

现在大家知道了全反射现象，想要揭秘小魔术“隐藏的硬币”就不再是难事。

钱币反射的光线经过在水中的传播后进入空气中，由于入射角度较大，光线在水和空气的交界面发生了________，以至于________。

生活中还有哪些用到全反射原理的地方？

____

____

探索 X 世界

夏天的夜晚，喷泉绝对是道亮丽的风景。它不仅能给我们带来视觉盛宴，还能在炎热的夏天带来丝丝凉意。图 9－4 中的景象想必大家都见过，但水为什么可以将光“束缚”起来？我们先来做个类似的装置。

图 9－4

导光水柱

研究目的

制作导光水柱，进一步探究全反射现象。

研究器材

大号饮料瓶，手电筒，防水袋，脸盆，锥子，美工刀，橡皮泥，水。

研究方法

(1) 在饮料瓶盖上钻一个小洞，用橡皮泥堵住。

(2) 向饮料瓶中注入清水。

(3) 将室内光线保持在较暗的水平。

(4) 将手电筒开关打开，对准小洞，并垂直于小洞所在的瓶壁。

(5) 在地上适当位置放置脸盆用来接流出的水。

(6) 去掉橡皮泥，使水从瓶盖的小洞中流出(图 9-5)。仔细观察光线的状态，分析其中原因。

图 9-5

现象观察

大家看到什么现象？详细记录在下面。

____

____

研究结果

从这样的现象中你能得到什么结果？

____

____

集思小擂台

你能详细解释导光水柱的奥秘所在吗？回想刚刚学过的全反射知识，相信你一定可以。

____

____

这里还有一个问题，如果光线从空气中射入水中，还会发生全反射现象吗？为什么？

____

____

知识充电站

大家见过图 9-6[①] 中这种漂亮的花瓶吗？瓶中闪闪发光的纤维被称为光纤。光纤，

① 图片来源：中国供应商，“一朵玫瑰花瓶光纤花”，http://www.china.cn/pic/3646169719_0.html。

即光导纤维，就是能传导光的纤维，一般用玻璃或塑料制成。光纤之所以能传导光线，秘密就在于全反射。

(a)　(b)

图 9－6

光纤绝不仅仅用于制作装饰品，实际上光纤多用来做通讯传输。利用全反射现象中光信号不会有泄漏的特点，光纤可以将信息远距离传送。

这么神奇的光纤是谁发明的呢？前香港中文大学校长、被称为“光纤之父”的高锟(图 9－7)贡献巨大，他也因此而分享了 2009 年的诺贝尔物理学奖。

高锟(1933—　)

图 9－7

专题 10

奇妙的假 3D

你见过这幅名画(图 10 - 1)吗? 它是文艺复兴三杰之一的拉斐尔的代表作《雅典学院》,现为梵蒂冈大教堂的一幅壁画。

图 10 - 1

大家在观赏此画的时候,除了钦佩画家精妙的构图、人物的塑造和绚烂的色彩外,有没有被画家精心描绘的宏伟建筑所吸引? 大家有没有觉得画家笔下的建筑非常有层次且充满立体感? 明明是平面的画,却让人觉得人物有前有后、宫殿层层向后延伸,是不是很奇妙?

猜想跷跷板

请大家想一想,能让你感觉一幅画像是立体的画作通常具有什么特点?

让我们一起走近几幅立体画(图 10－2),来验证一下各自的想法。

(a)　(b)　(c)

图 10－2

你是不是感觉这 3 幅画栩栩如生,画中的景物就像都已经“走”到画面外,这就是立体画的魅力!大家仔细观察这些画作中所用的手法,是不是包括大家刚提及的那些?你还有什么新发现吗?

探索 X 世界

现在就请大家创作一幅属于自己的立体画,不要忘记应用之前说过的那些技巧!

创作立体画

完成栩栩如生的立体画创作,向大家展示自己的作品,看看谁的画作最像“真的”。

知识充电站

立体画创作完毕,想必大家已对立体感有了更为切身的感受。立体感就是通常所说的 3D 效果，3D 是英文“3 Dimensions”的简称，指长、宽、高 3 个维度。立体空间就是三维的空间。与之相对应的是，2D(平面)只有长和宽两个维度。其实 3D 图像本质上是平面的，画家们妙用光与影，模仿人眼看到立体世界的感觉，营造出立体的视觉感受，让你感觉画作“活了”。

既然模仿人眼看到的立体世界的感觉，有些画在地上的立体画，从有的角度看去立体感很强，而从其他角度看去就可能怪怪的，谈不上有立体感。

探索 X 世界

上述 3D 效果只是停留在二维平面，有没有更为“真实”的 3D 效果呢？请看图 10－3。这幅图片描述的场景是不是很炫酷？下面就让我们一起来制作这样一幅“3D”效果的作品。

图 10－3

浮空投影

制作目的

制作浮空投影的 3D 作品，探索 3D 世界。

制作材料

智能手机，方格纸，透明胶片，胶带，笔，剪刀，小刀等。

制作方法

请利用给出的材料，自己想办法制作一幅浮空投影的作品。

这种浮空投影作品的 3D 效果是怎么产生的？它是“真的”3D 吗？它是利用光的＿＿＿＿＿＿＿＿＿＿＿＿制作出来的。

如图 10－3 所示，制作浮空投影的关键是用透明胶片剪裁和黏贴成倒金字塔形，再用智能手机播放专门用于浮空投影的小视频，将塔尖接近视频的中心。你看到视频中的主角站立起来了吗？

如果你没有看到，就要仔细想想会不会是金字塔的形状出现问题。

＿＿＿＿＿＿＿＿＿＿＿＿＿＿＿＿＿＿＿＿＿＿＿＿＿＿＿＿＿＿

＿＿＿＿＿＿＿＿＿＿＿＿＿＿＿＿＿＿＿＿＿＿＿＿＿＿＿＿＿＿

知识充电站

全息投影技术

想必大家已经发现，立体画也好，浮空投影也罢，其实都不是“真的”3D 作品。它们都是通过一定的技巧，让二维的平面作品看起来像是 3D 的而已。那么，有没有能够更加逼真地再现物体真实三维图像的影像技术呢？那就是物理中的全息投影技术。

全息照相可记录被摄物光波的全部信息，包括立体感，因而可以再现像的逼真立体感，而且还可以在同一张全息干版上重复曝光，产生具有重要应用价值的全息干涉[①]计量术。

全息投影技术是利用光的干涉原理来记录物体三维信息的技术（图 10－4），其技术含量较高，大型投影实现非常困难。虽然观看者无需配戴特殊的 3D 眼镜，就可以看到立体的虚拟人或物，但是除了全息照相底片，还需要一定的光照和观看角度。这项技术在一些科技馆、3D 错觉艺术馆有少量应用，大部分博物馆、3D 错觉艺术馆，特别是舞台演出中所谓的全息投影技术，都不是物理意义上真正的全息。

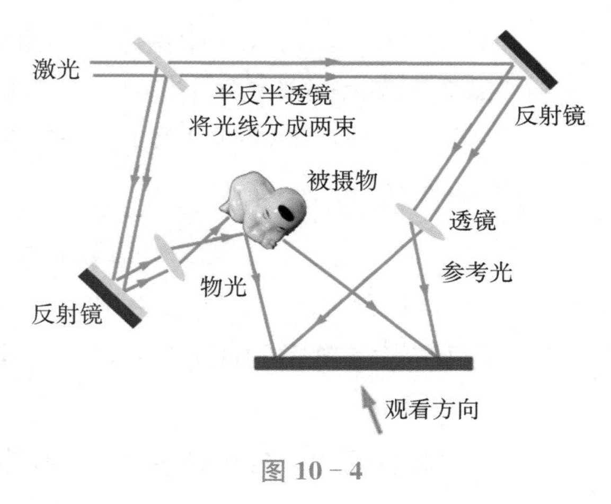

图 10－4

探索 X 世界

3D 视觉影像技术的花样很多，如果你感兴趣，不妨做点调研，看看到底有多少有趣的技术会让我们的眼睛上当，以为自己真的看到了立体的物体和风景。

① 干涉：两列或几列具备一定条件的波相遇时相互叠加的现象。光波叠加后，某些区域一直加强，另外一些则一直减弱，因此会形成强弱间隔分布的明暗条纹。

专题 11

制造彩虹

“半天空中一座桥，不用水泥和木料。只好看，不好走，太阳公公把它造。”这个谜语中所说的那座桥是什么？它就是彩虹(图 11－1)。你一定见过彩虹，想不想把天上的彩虹“摘”下来呢？

图 11－1

请你想一想，我们在什么情况下有可能见到彩虹？晴天？雨天？还是在下雨之后？为什么在这样的情况下彩虹更容易出现？彩虹是什么颜色和形状的？为什么彩虹会有这样的特征？

穿越时空

牛顿(1643—1727)

图 11－2

研究彩虹的现象，我们先从伟大的科学家艾萨克·牛顿(图11－2)说起。

在牛顿之前，人们普遍认为白光是一种成分单一、非常“单纯”的光。直到 1666 年，牛顿做了著名的三棱镜实验，才让人们认识到白光的组成以及色彩的本质。这个实验被大家称作“最美的物理实验”。

探索 X 世界

牛顿当年究竟发现了什么现象？白光的本质究竟是什么？为什么大家会把这个实验叫做“最美的物理实验”？我们自己动手做一做，所有的答案就会一目了然。

三棱镜实验

实验目的

复制牛顿的三棱镜实验，探究白光的本质。

实验器材

三棱镜，手电筒，彩色铅笔。

实验方法

(1) 将三棱镜放在太阳光下或者手电筒光路中。

(2) 调整三棱镜的角度，使其能将太阳光折射到墙上，如图 11 - 3 所示。

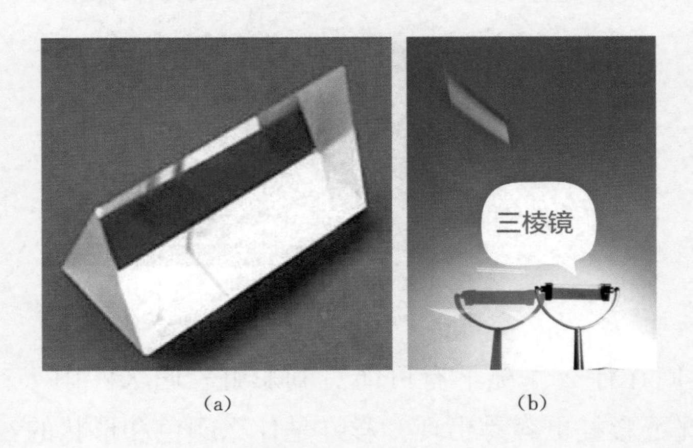

(a)　　(b)

图 11 - 3

(3) 观察经三棱镜折射后白光的变化，思考其中的原理。

实验现象

实验做完了，你现在一定能体会这个实验被称作“美丽的物理实验”的原因了吧！用彩笔记录下你观察到的实验现象。

实验结论

这么美丽的现象说明什么问题？写下你的想法。

____

____

知识充电站

恭喜你！你刚才看到的实验现象和伟大的牛顿三棱镜实验现象是相同的！三棱镜实验展现的是“色散”这种光学现象。色散是指将复合颜色的光分解为众多单一颜色的光。从上述实验可以看到，白光被分解成________种颜色，这说明白光就是______________。

探索 X 世界

为什么不同颜色的光进三棱镜之前是合在一起成为一束白光，出来时不同颜色就分开了呢(图 11-4)？对于各种颜色的光是怎么分开的，分开的方式是怎样的，你有什么看法？你想进行什么研究？请大家分工合作，每人考虑研究两个方面。

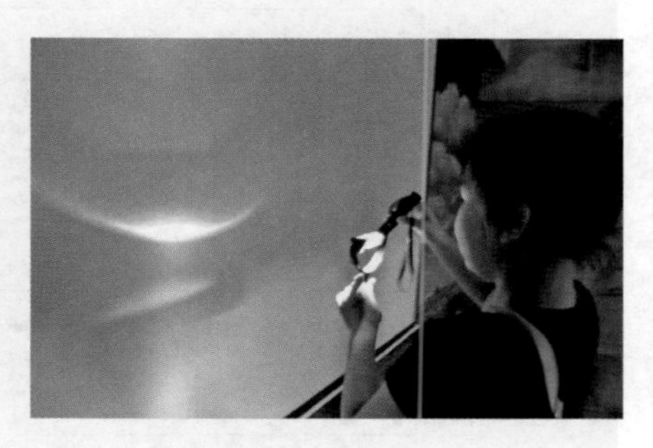

图 11-4

三棱镜能将白光分成彩色的光，圆柱形、方形或者其他形状的玻璃能做到吗？为什么？白光能分成彩色的光，这些彩色的光能再分解吗？或者这些彩色的光能再次汇合成白光吗？

关于棱镜色散的研究 1

研究目的

____

研究器材

三棱镜，____。

研究方法

(1) ____。

(2) ____。

(3) ____。

(4) ____。

研究结果

____

____

关于棱镜色散的研究 2

研究目的

____

研究器材

____

研究方法

(1) ____。

(2) ____。

(3) ____。

(4) ____。

研究结果

____

____

所有同学的研究结论

____

____

猜想跷跷板

由三棱镜的色散作用，大家看到了太阳光的彩色条纹。咦，大家是不是觉得这和彩虹有点像？彩虹的形成原因是什么呢？

____

____

探索X世界

下面这个实验，相信会让大家对彩虹有更深的体会。

研究1：口中喷彩虹

老师在阳台浇花时，水会浇出彩虹（图11-5(a)[①]）。阳光斜射时看喷泉，在适合的角度可能也会看到彩虹（图11-5(b)[①]）。下面这个实验，就是在口中喷出彩虹，用嘴来模拟喷泉。实验时一定要注意，因为要多次调节角度，所以一定要在空旷的地方，注意不要把水喷到别人身上。

(a)

(b)

图11-5

研究目的

制造彩虹，研究其产生的原因。

研究器材

杯子，水。

研究方法

(1) 选择在阳光明媚的天气做实验。

(2) 侧面对阳光，嘴中含一大口水，做好喷水准备。

(3) 请观察者站在你和太阳之间，背对阳光，眼睛看着你的嘴巴的前方。

(4) 用力将一口水成雾状喷出，观察者可以看到彩虹。

(5) 和观察者对换角色，再进行一次实验，这次你就能看到彩虹。

现象观察

你看到了什么现象？

① 图片来源：诸暨网，“喷泉彩虹”，http://news.zjrb.cn/news/pd/jyxw/542747.shtml。

____

____

研究结果

如何解释这个现象，从中得出什么结论？

____

____

研究2：更多的彩虹

研究目的

制造彩虹，研究其产生的原因。

研究器材

自行准备。

研究方法

请大家开动脑筋，自行准备材料，自己设计方法制造彩虹。看谁想出的方法多，看谁的彩虹更漂亮。

方法1：____；

方法2：____；

方法3：____。

集思小擂台

大家制造出这么多美丽的彩虹，对它的产生原因一定有了不少思考。其实只要大家善于观察，便不难发现其中的原因。在所有成功制造出彩虹的实验中，有一样东西必不可少，那就是____________。不止是在上面的实验中，雨后的天空中也是因为充满了______________，每一颗小水珠将太阳光的光线经过折射、反射、再折射，射向我们的眼睛。由于太阳光中不同颜色的光的折射角不同，因此出现了色散。无数小水珠共同努力的结果，到达我们眼睛中的光就变成了漂亮的彩虹。

小水珠是怎样折射-反射-折射阳光而形成彩虹的？你能画出来吗？

知识充电站

霓虹闪烁

“霓虹，霓虹”，我们经常把“霓”和“虹”连在一起。霓又是什么呢？原来，雨后彩虹有时会两条一起出现，其中内紫外红且较为明亮的那一条被称作虹，而内红外紫且较暗的那一条就被称为霓(图 11－6[①])。

图 11－6

霓是如何产生的？霓是太阳光在小水珠中经过二次反射后射出水滴形成的色散现象。因为经过多一次的反射，所以霓的颜色与虹恰好相反。同样，因为多一次反射，能量消耗较大，亮度也就较暗。

小水珠是怎样折射-反射-反射-折射阳光而形成霓的？你能画出来吗？

① 图片来源：学习啦，“描写自然景物的成语”，http://www.xuexila.com/chengyu/110188.html。

专题 12

看不见的光

从婴儿时期第一次睁眼开始，我们就看到这个充满光的世界。我们可以远望，“横看成岭侧成峰”；我们可以近观，“醉里挑灯看剑”；我们可以享受色彩，“日出江花红胜火，春来江水绿如蓝”；我们可以辨别形状，“大漠孤烟直，长河落日圆”；我们可以感受光影，“举杯邀明月，对影成三人”……

你有没有想过，这个世界上有没有我们看不到的光呢？

探索 X 世界

大家都接触过验钞机，验钞机可以让我们看到在正常情况下钱币上看不到的信息。

验钞灯

实验目的

了解紫外验钞灯的功能，探究看不见的光。

实验器材

验钞灯，各种纸币。

实验方法

(1) 用验钞灯照射各种纸币。

(2) 观察纸币上图案的变化(图 12 - 1)。

(a) (b)

图 12－1

实验现象

大家是否看到在正常情况下钱币上看不到的花纹？你看到了什么？

实验结果

从上述现象中，你能总结出什么结果？

______

______

知识充电站

我们曾经介绍过，可见光只是电磁波中能被肉眼感受到的那一部分，更多部分是我们看不见的。刚才的验钞实验，利用的就是我们日常看不到的一种紫外光。紫外光比可见光波长稍短，它可以使某些在正常照射下不发光的材料发出可见光，从而被人眼看到。我们可以利用紫外照射特殊材料制作的防伪标记来验证真伪。

大家有没有觉得这种能够防伪的紫外颜料很神奇？想想生活中还有哪些情况会用到呢？

探索 X 世界

下面我们用普通的颜料和紫外颜料来制作一幅创意画（图 12－2）。

图 12－2

紫外创意画作

游戏目的

进一步了解紫外光。

游戏器材

紫外显色的荧光笔和普通笔，便携式验钞灯。

游戏方法

(1) 4 个人分为一个小组。

(2) 第 1 位同学用普通笔画一幅画。

(3) 第 2 位同学用荧光笔在这幅画中添上一些元素。

(4) 第 3 位同学可根据自己的理解在画中做一些修改。

(5) 第 4 位同学用验钞机的紫外光照射图片，将照射前后的画作连缀起来，讲一个小故事。

(6) 其余的同学根据故事打分，看看哪一组的故事最有趣、最有创意。

集思小擂台

分享完有趣的故事，大家再来说说紫外光除了可以验钞、可以游戏，还有其他什么作用？日常生活中还有哪些地方用到它(图 12－3)？紫外光还有什么有害之处？应该如何避免？

____

____

图 12－3

探索 X 世界

让我们来找一找除了紫外光之外其他看不见的光。

神秘的光线

实验目的

认识其他不可见光。

实验器材

遥控器，手机。

实验方法

(1) 按下遥控器的按键，观察遥控器有什么反应(图 12 - 4)。

____

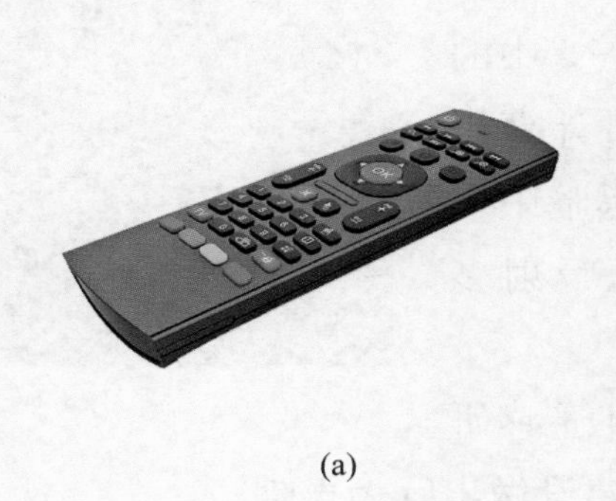

(a)

(b)

图 12 - 4

(2) 重复按键的动作，并通过手机镜头来观察遥控器有什么反应。

____

实验现象

你看到了什么吗？

____

____

实验结果

大家从上面的现象中得出什么结论？

____

____

知识充电站

紫外光是比可见光波长更短的电磁波，而遥控器发出红外光，红外光是波长比可见光要长的电磁波。红外光也是我们肉眼无法看到的，但有些光学设备（如手机、相机等）能接收到比肉眼更广泛的电磁波，因此可以用它们来观察红外光。

红外光有哪些特点，又有哪些用处？

____

____

探索 X 世界

利用红外光的特性可以测量物体和人体的表面温度，可以通过卫星进行远距离遥感。图 12－5 中的人像是传感器接受到人体的红外辐射，经过计算机处理后所成的像。红外线成像技术可以在黑暗中发现生物。检测材料对红外光可以吸收多少、反射多少、穿透多少，就变得很有意义。

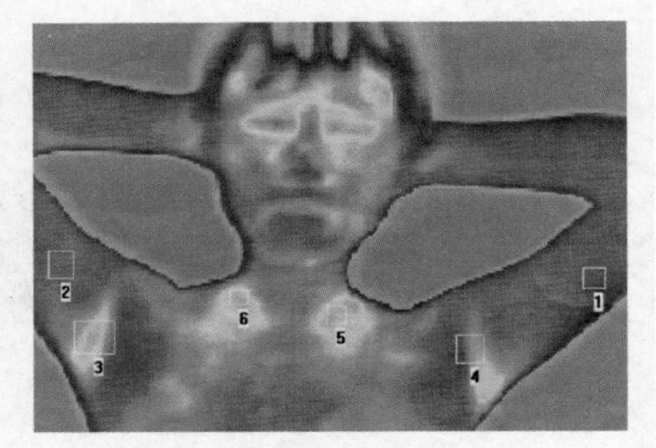

图 12－5

中国科学院上海技术物理研究所的红外遥感研究成果累累（图 12－6），为我国航天、国防和建设做出巨大贡献。

图 12－6

材料的红外特性

研究目的

检测材料对红外光是否通透。

研究器材

遥控器，手机，电视机，感兴趣的各种材料（如各种镀膜的眼镜片、手机膜、滤光片、布、纸等）。

研究方法

利用所给的各种材料自行设计实验，观察材料的红外透光性。

现象观察

把观测到的材料的红外透光性记录在表 12 - 1 中。

表 12 - 1

(a) 手机相机拍摄情况

序号	材料	阻挡 1 层	阻挡 2 层	阻挡 3 层
①	A4 纸			
②	塑料薄膜			
③				
④				
⑤				

(b) 电视遥控情况

序号	材料	阻挡 1 层	阻挡 2 层	阻挡 3 层
①	A4 纸			
②	塑料薄膜			
③				
④				
⑤				

研究结果

根据上述实验现象，总结出你的结论。

集思小擂台

你对自己的检测满意吗？还想进一步研究什么？

____

____

穿越时空

伦琴射线

除了紫外光和红外光以外，还有很多种不可见光，如波长比紫外光还要短的伦琴射线。伦琴射线又称 X 光，因它由德国物理学家伦琴发现而得名。伦琴因此获得历史上第一个诺贝尔物理学奖（图 12－7）。

伦琴(1845—1923)
图 12－7

伦琴射线具有很高的穿透性，与我们的生活最为密切的应用就是医学上的透视检测。另外，伦琴射线衍射方法在晶体研究方面有着不可取代的作用。比如，著名的 DNA 双螺旋结构就是通过伦琴射线衍射方法“破译”的。